技工院校一体化课程教学改革 机床切削加工
数控加工 专业教材

组合件加工与装配
（车工/数控加工）

人力资源和社会保障部教材办公室组织编写

中国劳动社会保障出版社

内容简介

本书主要内容包括小型平口钳制作、储物罐制作、螺旋式组合哑铃制作、加农炮制作四个学习任务。

图书在版编目(CIP)数据

组合件加工与装配：车工/数控加工/人力资源和社会保障部教材办公室组织编写. —北京：中国劳动社会保障出版社，2014

技工院校一体化课程教学改革机床切削加工/数控加工专业教材

ISBN 978-7-5167-1046-3

Ⅰ.①组… Ⅱ.①人… Ⅲ.①数控机床-车床-车削-技工学校-教材 Ⅳ.①TG519.1

中国版本图书馆 CIP 数据核字(2014)第 047916 号

中国劳动社会保障出版社出版发行

（北京市惠新东街1号 邮政编码：100029）

*

北京市艺辉印刷有限公司印刷装订 新华书店经销

787毫米×1092毫米 16开本 17.5印张 309千字

2014年3月第1版 2021年12月第7次印刷

定价：35.00元

读者服务部电话：(010) 64929211/84209101/64921644

营销中心电话：(010) 64962347

出版社网址：http://www.class.com.cn

http://jg.class.com.cn

技工院校一体化课程教学改革教材编委会名单

编审委员会

主　任：王晓初
副主任：吴道槐　张　斌　张梦欣　金　龄　张亚男　王晓君
委　员：冯　政　田　丰　翟　涛　万　象　何绪军　刘　春　王雪宁
　　　　蔡　兵　陈　蕾　蒋燕辰　刘素华

编审人员

主　编：张炳培
副主编：史晓理
参　编：陆齐炜　王　闯　李景协　郑柏权　梁炎培

■序

人才是我国经济社会发展的第一资源，技能人才是人才队伍的重要组成部分。党中央、国务院高度重视技能人才队伍建设工作，2009 年 12 月，胡锦涛总书记在视察珠海市高级技工学校时指出：“没有一流的技工，就没有一流的产品”、“技能型人才在推进自主创新方面具有不可替代的重要作用”。技工院校是系统培养技能人才的重要基地。多年来，技工院校始终紧紧围绕国家经济发展和劳动者就业，以满足经济发展和企业对技术工人的需求为办学宗旨，形成了鲜明的办学特色，为国家培养了大批生产一线技能劳动者和后备高技能人才。

当前，我国处于全面建设小康社会的关键时期，随着加快转变经济发展方式、推进经济结构调整以及大力发展高端制造产业等新兴战略性产业，迫切需要加快培养一大批具有精湛技能和高超技艺的技能人才。为了遵循技能人才成长规律，切实提高培养质量，进一步发挥技工院校在技能人才培养中的基础作用，从 2009 年开始，我部借鉴国内外职业教育先进经验，在全国 17 个省（区、市）的 30 所技工院校启动了一体化课程教学改革试点工作，推进以职业活动为导向，以校企合作为基础，以综合职业能力培养为核心，理论教学与技能操作融合贯通的一体化课程教学改革。这项改革试点将传统的以学历为基础的职业教育转变为以职业技能为基础的职业能力教育，促进了职业教育从知识教育向能力培养转变，努力实现“教、学、做”融为一体，收到了积极成效。改革试点得到了学校师生的充分认可，普遍反映一体化课程教学改革是技工院校一次“教学革命”，学生的学习热情、教学组织形式、教学手段和学生的综合素质都发生了根本性变化。试点的成果表明，一体化课程教学改革是转变技能人才培养模式的重要抓手，是推动技工院校改革发展的重要举措，也是人力资源社会保障部门加强技工教育和在职业培训工作的一个重点项目。

教学改革的成果最终要以教材为载体进行体现和传播。根据我部推进一体化课程教学改革的要求，一体化课程改革专家、几百位试点院校的骨干教师以及中国人力资源和社会保障出版集团的编辑团队，用了三年多的时间，组织实施了一体化课程教学改革试点，并将试点中形成的课程成果进行了整理、提炼，汇编成“活页”教材。这套教材不仅在形式上打破了传统教材的编写模式，而且在内容上突破了传统教材的结构体例，在国内职业教育培训教材领域中均属首创。这套教材及配套资料的出版，不仅是本次一体化课程教学改革试点工作的阶段性总结，也是一体化课程教学改革不断深化和全面推广的一个起点。希望全国技工院校将一体化课程教学改革作为创新人才培养模式、提高人才培养质量的重要抓手，进一步推动教学改革，促进内涵发展，提升办学质量，为加快培养合格的技能人才作出新的更大贡献！

人力资源和社会保障部副部长

王晓初

二〇一二年八月

活页式教材使用说明

◆页码编排方式

为了更加方便地在教材中增删和替换内容，页码采用“学习任务编号－学习活动编号－页码号”三级编排形式，如“3–2–4”表示“学习任务三”的“学习活动 2”的第 4 页。

◆过程评价表使用方法

教材中设计了“自评表”、“互评表”、“教师总评表”、“综合评价表”等评价表格，表头上有“班级”、“姓名”、“学号”等信息栏，从活页教材中取出评价表填写后可以单独提交。

◆教材内容更新方法

中国人力资源和社会保障出版集团将根据一体化课程教学改革的推进以及科学技术的发展和不同地域的需要，不断补充和更新教材中的学习任务和学习活动，学校可以从“技工院校一体化教学资源网（http：//yth.cott.org.cn）”下载（需在网站注册）。通过网站还可以了解到更多的一体化课程教学改革信息和下载相关资源。

◆便携式活页夹和 PVC 保护板使用方法

使用教材中附赠的便携式活页夹，可以灵活方便地将教材中部分内容携带至一体化教学场地。教材内附的整张 PVC 保护板可以作为学习记录垫板使用。

◆参考用书选用方法

在学习过程中，学生需要查阅大量参考资料，下表为中国人力资源和社会保障出版集团出版的适宜本专业一体化教学使用的参考书目录。

机床切削加工／数控加工专业一体化教学参考书目录（中级阶段）

序号	书号	书名
1	978-7-5045-9709-0	机械制图（少学时）（双色印刷）
2	978-7-5045-9690-1	机械基础（少学时）（双色印刷）
3	978-7-5045-9677-2	金属材料与热处理（少学时）（双色印刷）
4	978-7-5045-9717-5	极限配合与技术测量基础（少学时）（双色印刷）
5	978-7-5045-9689-5	机械制造工艺基础（少学时）（双色印刷）
6	978-7-5045-9713-7	工程力学（少学时）（双色印刷）
7	978-7-5045-9668-0	电工学（少学时）（双色印刷）
8	978-7-5045-8689-6	车工工艺与技能　学生用书 II　基础知识
9	978-7-5045-9159-3	铣工工艺与技能　学生用书 II　基础知识
10	978-7-5045-9128-9	数控加工工艺学（第三版）
11	978-7-5045-9097-8	数控机床编程与操作（第三版　数控车床分册）
12	978-7-5045-9112-8	数控机床编程与操作（第三版　数控铣床　加工中心分册）

目　录

学习任务一　小型平口钳制作 ······ (1-0-1)
学习活动1　小型平口钳加工任务分析 ······ (1-1-1)
学习活动2　小型平口钳加工工序编制 ······ (1-2-1)
学习活动3　小型平口钳加工 ······ (1-3-1)
学习活动4　小型平口钳装配及误差分析 ······ (1-4-1)
学习活动5　工作总结与评价 ······ (1-5-1)
学习任务二　储物罐制作 ······ (2-0-1)
学习活动1　储物罐加工任务分析 ······ (2-1-1)
学习活动2　储物罐加工工序编制 ······ (2-2-1)
学习活动3　储物罐加工 ······ (2-3-1)
学习活动4　储物罐装配及误差分析 ······ (2-4-1)
学习活动5　工作总结与评价 ······ (2-5-1)
学习任务三　螺旋式组合哑铃制作 ······ (3-0-1)
学习活动1　螺旋式组合哑铃加工任务分析 ······ (3-1-1)
学习活动2　螺旋式组合哑铃加工工序编制 ······ (3-2-1)
学习活动3　螺旋式组合哑铃加工 ······ (3-3-1)
学习活动4　螺旋式组合哑铃装配及误差分析 ······ (3-4-1)
学习活动5　工作总结与评价 ······ (3-5-1)
学习任务四　加农炮制作 ······ (4-0-1)
学习活动1　加农炮加工任务分析 ······ (4-1-1)
学习活动2　加农炮加工工序编制 ······ (4-2-1)
学习活动3　加农炮加工 ······ (4-3-1)
学习活动4　加农炮装配及误差分析 ······ (4-4-1)
学习活动5　工作总结与评价 ······ (4-5-1)

学习任务一　小型平口钳制作

学习目标

1. 能独立阅读生产任务单，正确分析小型平口钳零件图样，正确识读小型平口钳工艺卡，制定合理的工作进度计划。

2. 能根据零件图样，结合生产现场条件，查阅切削手册，确定零件车削和铣削加工步骤，正确规范地制定小型平口钳零件的车削和铣削加工工序卡。

3. 能根据小型平口钳图样工艺要求，正确规范地领取材料和工、量、刃、夹具。

4. 能根据操作提示，严格按照机床操作规程完成小型平口钳零件的加工，对加工完成的零件进行质量检测，并对加工中出现的问题提出改进措施。

5. 能按国家环保相关规定和安全文明生产要求整理现场，合理保养维护工、量、刃、夹具及设备，正确处置废油液等废弃物；能严格按照车间管理规定，正确规范地交接班和保养车床。

6. 能正确规范地选择和使用工、量具检测小型平口钳的整体质量，并根据检测结果，分析误差产生的原因，并提出改进措施。

7. 能主动获取有效信息，对学习与工作进行反思总结，并能与他人开展良好合作，进行有效的沟通。

建议学时

120 学时。

工作情景描述

某私企新进 20 台经济型钻床，需要 20 台小型平口钳配合使用，委托我单位加工制造，工期为 20 天，客户提供样件、图样和材料。现生产部门安排我机械加工组完成此任务的车削、铣削及钳加工内容。

工作流程与活动

1. 小型平口钳加工任务分析（24 学时）
2. 小型平口钳加工工序编制（18 学时）
3. 小型平口钳加工（70 学时）
4. 小型平口钳装配及误差分析（4 学时）
5. 工作总结与评价（4 学时）

学习活动1　小型平口钳加工任务分析

学习目标

1. 能独立阅读生产任务单，明确产品名称、材料、数量和工期等要求，叙述平口钳的用途、工作原理、特点与规格。

2. 能查阅参考资料，叙述装配图识读的方法、步骤和要点。

3. 能正确分析小型平口钳零件图样，明确结构特点，以及表面粗糙度、几何公差等加工要求。

4. 能查阅参考资料，叙述铣床的名称及其型号、铣刀的名称和铣床铣削的内容。

5. 能根据图样要求，正确识读小型平口钳工艺卡，明确加工所需的工、量、刃、夹具。

6. 能依据任务要求，制定合理的工作进度计划。

建议学时：24学时。

学习过程

领取小型平口钳的生产任务单、零件图样和工艺卡，明确本次加工任务的内容。

一、阅读生产任务单

表 1—1—1　　生产任务单

<table>
<tr><td colspan="2">需方单位名称</td><td colspan="2"></td><td>完成日期</td><td colspan="2">年　月　日</td></tr>
<tr><td>序号</td><td>产品名称</td><td>材料</td><td>数量</td><td colspan="3">技术标准、质量要求</td></tr>
<tr><td>1</td><td>小型平口钳</td><td>45 钢</td><td>20 台</td><td colspan="3">按图样要求</td></tr>
<tr><td>2</td><td></td><td></td><td></td><td colspan="3"></td></tr>
<tr><td>3</td><td></td><td></td><td></td><td colspan="3"></td></tr>
<tr><td>4</td><td></td><td></td><td></td><td colspan="3"></td></tr>
<tr><td colspan="2">生产批准时间</td><td>年　月　日</td><td>批准人</td><td></td><td></td><td></td></tr>
<tr><td colspan="2">通知任务时间</td><td>年　月　日</td><td>发单人</td><td></td><td></td><td></td></tr>
<tr><td colspan="2">接单时间</td><td>年　月　日</td><td>接单人</td><td></td><td>生产班组</td><td>机械加工组</td></tr>
</table>

1. 叙述机用平口钳与本任务小型平口钳的区别。

2. 观察图 1—1—1 所示平口钳并查阅参考资料，描述平口钳的用途、工作原理、特点与规格。

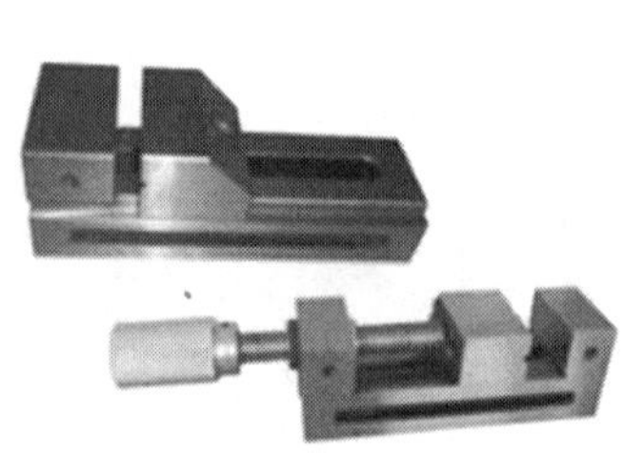

图 1—1—1　平口钳

（1）用途

（2）工作原理

（3）特点

（4）规格

二、分析零件图样

1. 分析小型平口钳装配图

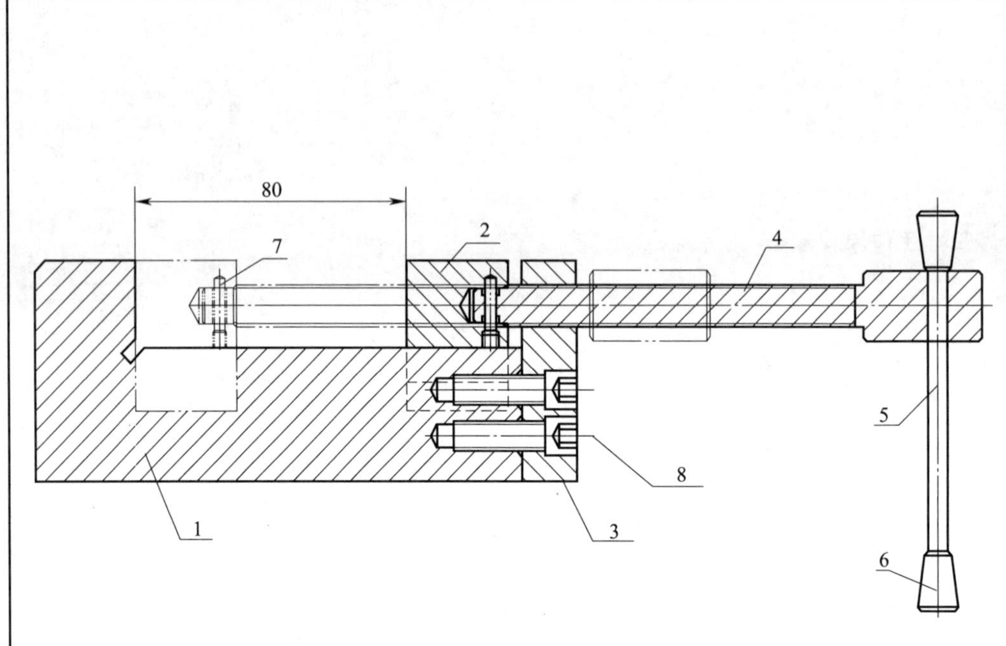

技术要求

1. 活动钳体能在固定钳体上滑动自如。
2. 螺纹杆在80mm行程范围内转动灵活，阻力小。
3. 活动钳口与固定钳口贴合时贴合面积不小于75%。
4. 装配后活动钳体水平方向间隙允许误差为0.01mm。
5. 装配后活动钳体垂直方向间隙允许误差为0.01mm。

序号	代号	名称	数量	材料	
8	GB/T 70.1-2008	内六角圆柱头螺钉	2	45	
7		螺纹销	2	45	
6		手柄螺母	1	45	
5		手柄	1	45	
4		螺纹杆	1	45	
3		支架	1	45	
2		活动钳体	1	45	
1		固定钳体	1	45	

制图		年 月 日			(单位)
校核			比例		小型平口钳
审核			共8张 第1张		1-01-00

图 1—1—2　小型平口钳装配图

（1）表达机器（或部件）整体结构形状和装配连接关系的图样称为________。

（2）一张完整的装配图应包括：一组图形，必要的________，技术要求及________、零件序号和明细栏。

（3）在装配图中，对于紧固件以及轴、键、销等实心零件，若按纵向剖切，且剖切平面通过其对称平面或轴线时，这些零件均按________绘制，如图中的____________。

（4）两个零件的接触表面（或基本尺寸相同的配合面），只用________条共有的轮廓线表示；非接触面画________条轮廓线。

（5）在剖视图中，相接触的两零件的剖面线方向应________或间隔不等。

（6）装配图中某些图形轮廓用双点画线绘制，表示什么含义？一般在什么情况下使用双点画线绘制零件轮廓？根据装配图可以看出活动钳体的有效活动范围是多少？

（7）小型平口钳装配图上共有____种零件，分别是：____________、____________、____________、____________、____________、____________、____________和____________。

（8）叙述识读装配图的方法和步骤。

2. 分析小型平口钳零件 1——固定钳体图样

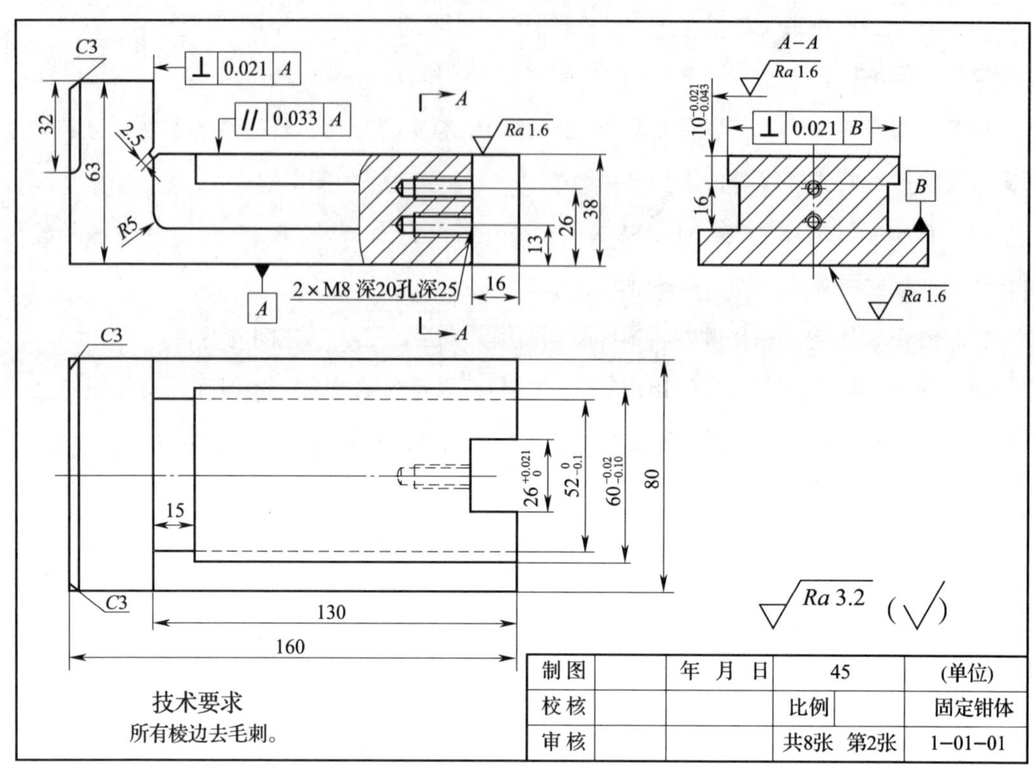

图 1—1—3 固定钳体图样

（1）小型平口钳的固定钳口表面粗糙度为 Ra ________，与底平面的垂直度应不大于________mm；水平导轨与底平面的平行度应不大于________mm。

（2）固定钳体上有一条宽度为 2. 5mm 的 45°斜槽，这条槽叫做______________槽，其作用是：____。

3．分析小型平口钳零件 2——活动钳体图样

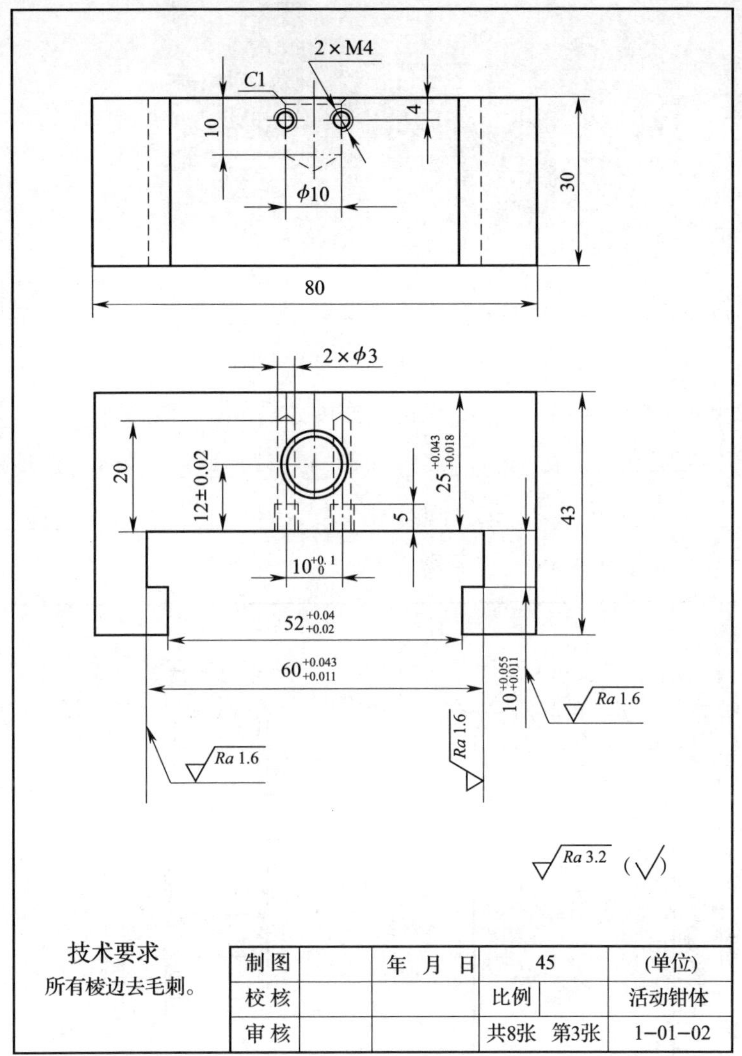

图 1—1—4　活动钳体图样

（1）叙述活动钳体在小型平口钳中的作用。

（2）两个螺纹销应安装在________________上的两个 ϕ ________的沉孔内。安装这两个螺纹销的目的是把________________卡入活动钳体中并可以自由绕其轴线旋转，如图 1—1—5 所示。

图 1—1—5　小型平口钳

（3）活动钳体上有一条 T 形槽，其直槽宽度是______________mm，底槽宽度是__________mm（包括公称尺寸和公差）。

（4）活动钳体 T 形槽与固定钳体配合时，宽度上配合间隙最大为________mm，最小为______mm；高度上配合间隙最大为________mm，最小为________mm。这种配合称为________________________。设置这些配合间隙的目的是______________________________。

4. 分析小型平口钳零件 3——支架图样

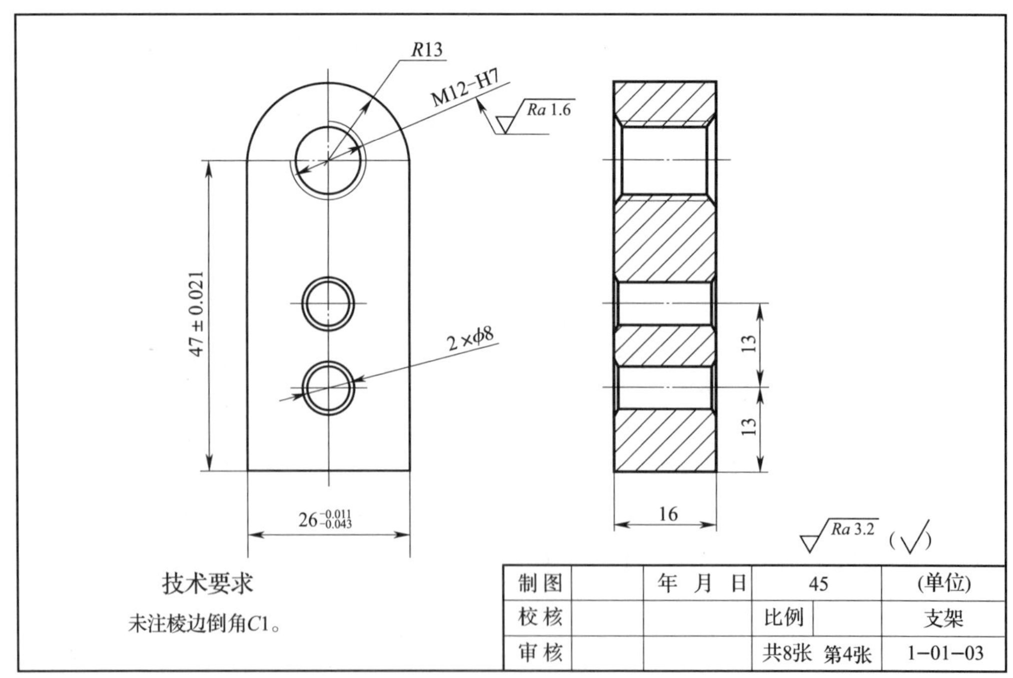

图 1—1—6　支架图样

（1）计算 M12 螺纹的大径、小径和中径。

（2）叙述支架中 M12 内螺纹的作用。

（3）叙述支架中两个 $\phi 8$ 小孔的作用。

5．分析小型平口钳零件 4——螺纹杆图样

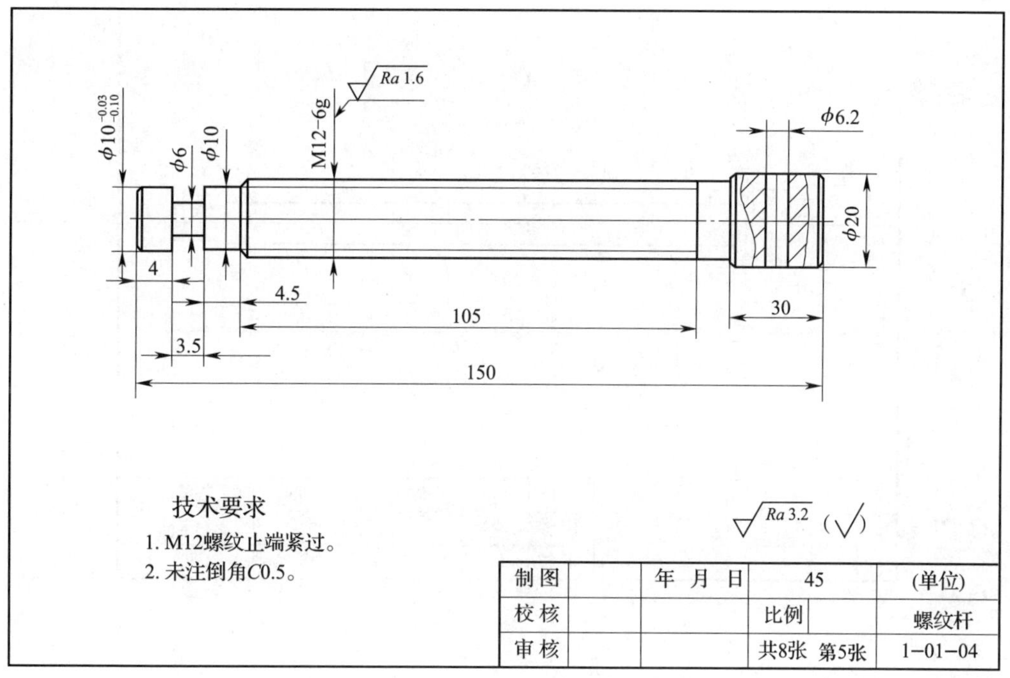

图 1—1—7　螺纹杆图样

（1）螺纹杆的螺距是________mm，公称直径是________mm，有效工作长度是________mm，表面粗糙度为 Ra ________，与零件________上的 M12－H7 配合使用。

（2）叙述螺纹杆中 $\phi 10_{-0.10}^{-0.03}$ 段的作用。

（3）叙述螺纹杆中 ϕ6.2 小孔的作用。

（4）叙述螺纹杆左端槽中 ϕ6 的作用。

6. 分析小型平口钳零件 5——手柄图样

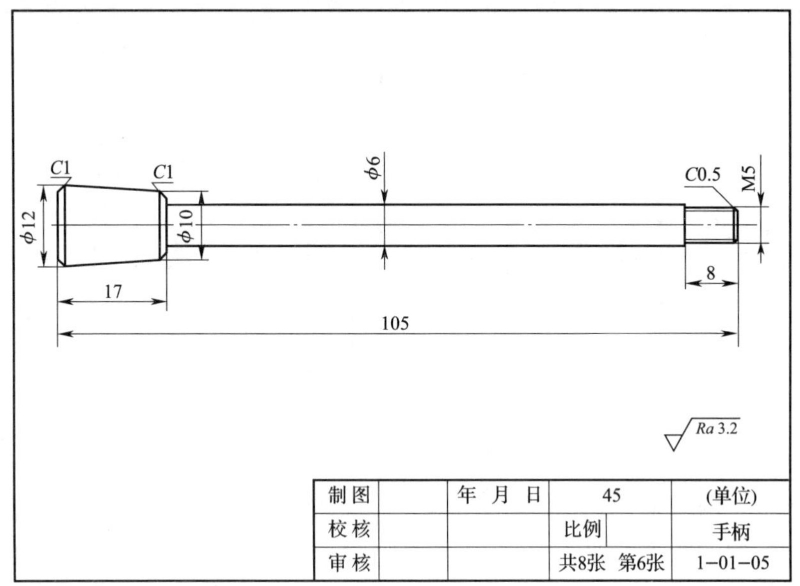

制图		年 月 日	45		(单位)
校核			比例		手柄
审核			共8张 第6张		1-01-05

图 1—1—8　手柄图样

（1）叙述手柄在小型平口钳中的作用。

（2）叙述手柄中 M5 螺纹的作用。

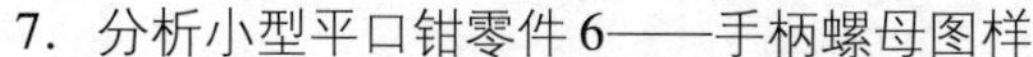

7．分析小型平口钳零件6——手柄螺母图样

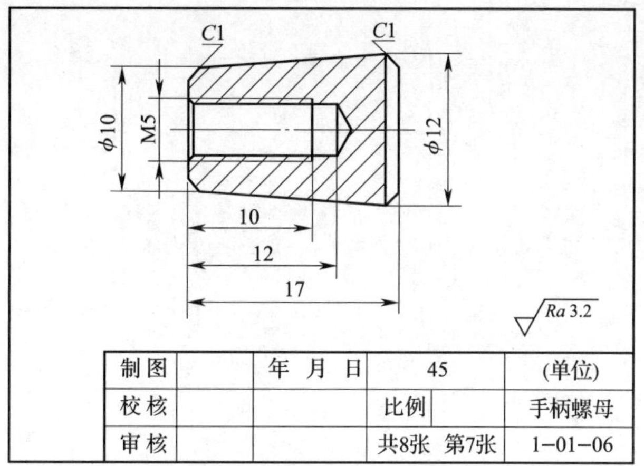

图1—1—9　手柄螺母图样

（1）叙述手柄螺母在小型平口钳中的作用。

（2）计算手柄螺母的锥度。

8．分析小型平口钳零件7——螺纹销图样

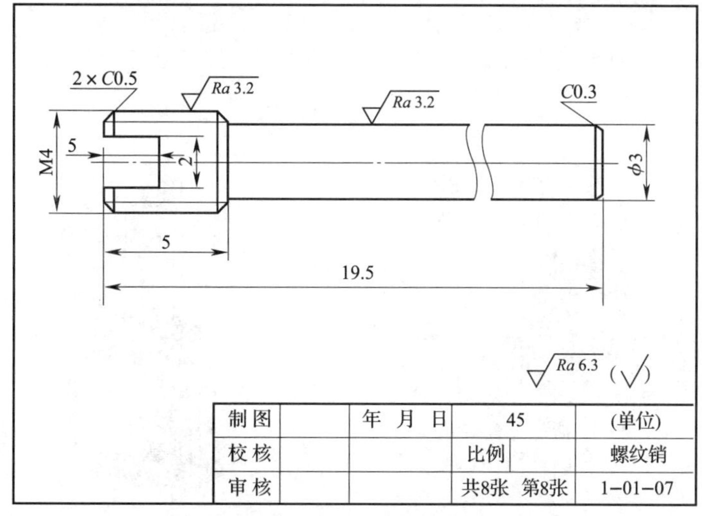

图1—1—10　螺纹销图样

叙述螺纹销在小型平口钳中的作用。

三、识读工艺卡

1. 认知铣床及其型号

根据图样分析，小型平口钳中的一些零件需要在铣床上加工完成。查阅参考资料，通过学习铣床及其型号知识，完成下列问题。

（1）写出下列铣床的名称。

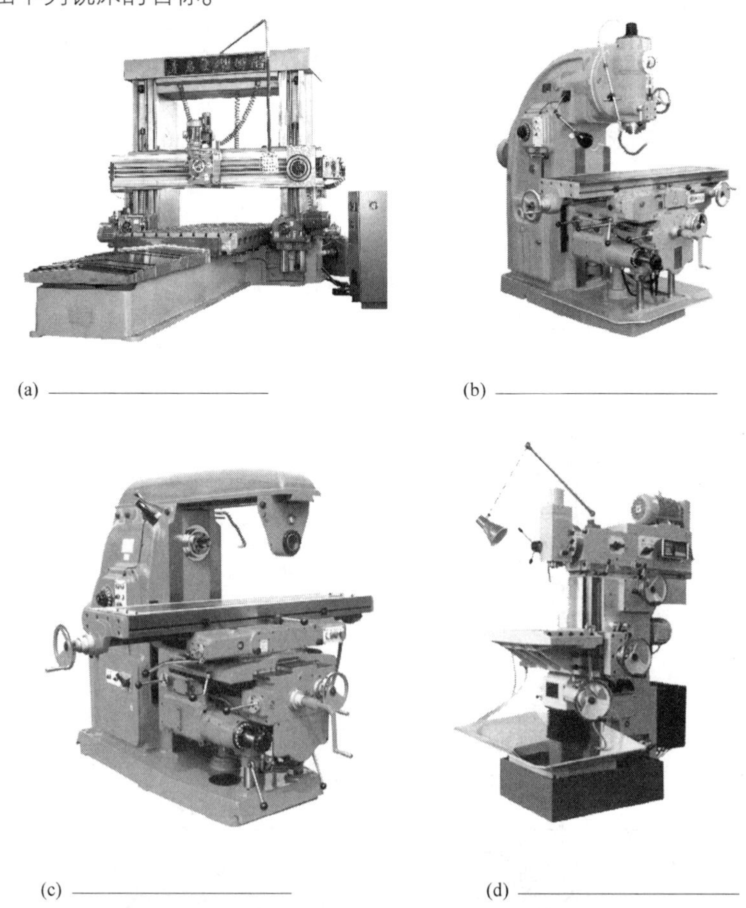

(a) ______________ (b) ______________

(c) ______________ (d) ______________

（2）解释铣床型号 **X6132A** 各参数的含义。

X6132A 铣床

中华人民共和国
长征机床厂
万能升降台铣床
型　号　X6132A
工作台工作面宽度　320mm
工作台工作面长度　1320mm
出厂编号

X6132A铣床铭牌

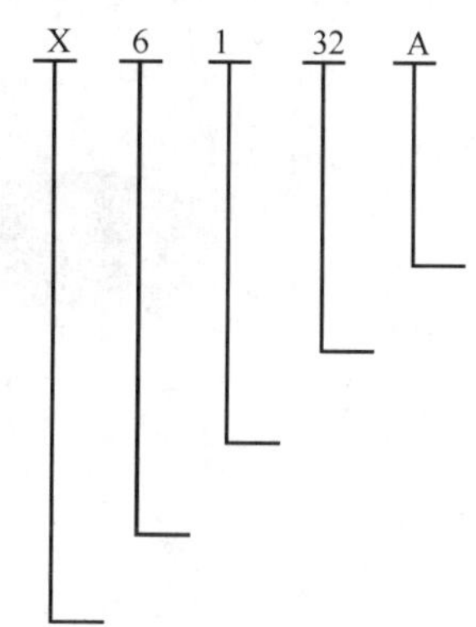

（3）根据已学知识，写出车床型号 CA6140 各参数的含义；结合车床和铣床型号的含义，简要归纳机床型号编制的原则。

（4）写出下列铣床型号的含义。

X5032：________________________________

X8126：________________________________

X2010：________________________________

（5）写出下列铣刀的名称。

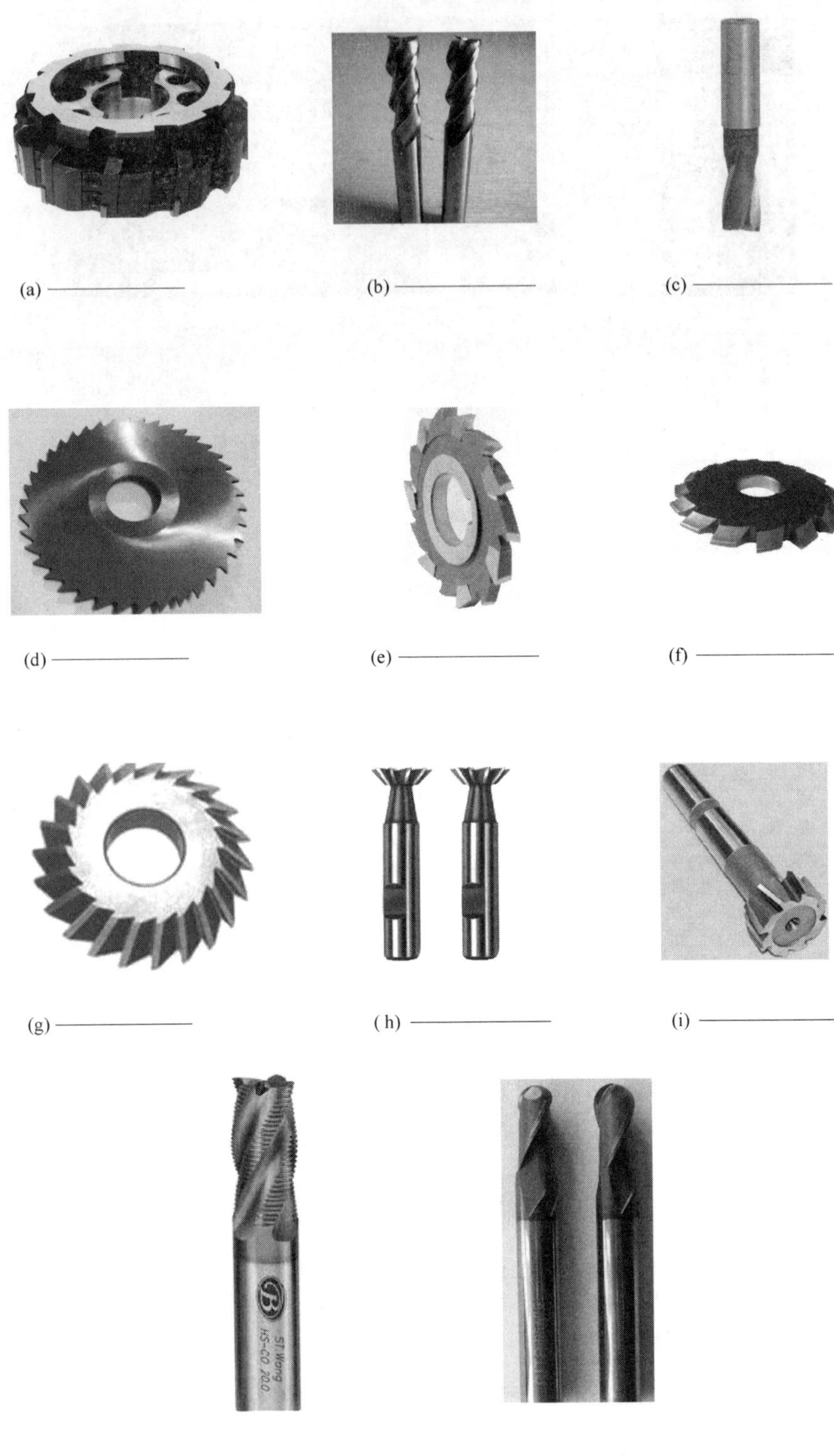

(a) ____________ (b) ____________ (c) ____________

(d) ____________ (e) ____________ (f) ____________

(g) ____________ (h) ____________ (i) ____________

(j) ____________ (k) ____________

（6）叙述铣削的特点及其与车削的区别。

（7）列出铣床铣削的内容。

2. 识读小型平口钳工艺卡

（1）识读小型平口钳零件1——固定钳体工艺卡

表1—1—2　　固定钳体工艺卡

<table>
<tr><td rowspan="2">单位名称</td><td rowspan="2"></td><td colspan="3">产品名称</td><td colspan="2">小型平口钳</td><td>图号</td><td>1-01-01</td></tr>
<tr><td colspan="3">零件名称</td><td>固定钳体</td><td>数量</td><td>20</td><td>第1页</td></tr>
<tr><td>材料种类</td><td>板材</td><td>材料牌号</td><td colspan="2">45钢</td><td>毛坯尺寸</td><td colspan="2">170 mm×90 mm×70 mm</td><td>共1页</td></tr>
<tr><td rowspan="2">工序号</td><td rowspan="2">工序内容</td><td rowspan="2">车间</td><td rowspan="2">设备</td><td colspan="3">工具</td><td rowspan="2">计划工时</td><td rowspan="2">实际工时</td></tr>
<tr><td>夹具</td><td>量具</td><td>刃具</td></tr>
<tr><td>01</td><td>下料170 mm×90 mm×70 mm</td><td>金</td><td>割枪</td><td></td><td>钢直尺</td><td></td><td>60 min</td><td></td></tr>
<tr><td>10</td><td>铣削固定钳体</td><td>铣</td><td>铣床（X5032）</td><td>机用平口钳</td><td>游标卡尺
千分尺</td><td>端铣刀
立铣刀</td><td>180 min</td><td></td></tr>
<tr><td>20</td><td>钻孔、攻螺纹</td><td>钳</td><td>台钻</td><td>机用平口钳</td><td>游标卡尺
游标高度尺</td><td>麻花钻
丝锥</td><td>40 min</td><td></td></tr>
</table>

续表

工序号	工序内容	车间	设备	工具			计划工时	实际工时
				夹具	量具	刀具		
30	磨削	磨	M7130磨床	电磁吸盘	千分尺	砂轮	30 min	
40	检验	检验室			游标卡尺 千分尺 螺纹样板		20 min	

更改号		拟定	校正	审核	批准
更改者					
日期					

根据图样与工艺分析，在表 1—1—3 中列出加工固定钳体所使用的刀具、夹具及量具的名称、型号规格和用途。

表 1—1—3　　　　加工固定钳体的刀具、夹具及量具

类别	名称	型号规格	用途
刀具			
夹具			
量具			

（2）识读小型平口钳零件 2——活动钳体工艺卡

表 1—1—4　　　　　　　　　　活动钳体工艺卡

<table>
<tr><td rowspan="2">单位名称</td><td rowspan="2"></td><td>产品名称</td><td colspan="2">小型平口钳</td><td>图号</td><td>1 - 01 - 02</td></tr>
<tr><td>零件名称</td><td>活动钳体</td><td>数量</td><td>20</td><td>第 1 页</td></tr>
<tr><td>材料种类</td><td>板材</td><td>材料牌号</td><td>45 钢</td><td>毛坯尺寸</td><td>90 mm × 50 mm × 40 mm</td><td>共 1 页</td></tr>
</table>

<table>
<tr><td rowspan="2">工序号</td><td rowspan="2">工序内容</td><td rowspan="2">车间</td><td rowspan="2">设备</td><td colspan="3">工具</td><td rowspan="2">计划工时</td><td rowspan="2">实际工时</td></tr>
<tr><td>夹具</td><td>量具</td><td>刃具</td></tr>
<tr><td>01</td><td>下料 90 mm × 50 mm × 40 mm</td><td>金</td><td>割枪</td><td></td><td>钢直尺</td><td></td><td>60 min</td><td></td></tr>
<tr><td>10</td><td>铣削活动钳体</td><td>铣</td><td>X5032</td><td>机用平口钳</td><td>游标卡尺
千分尺</td><td>端铣刀
立铣刀</td><td>180 min</td><td></td></tr>
<tr><td>20</td><td>钻孔、攻螺纹</td><td>钳</td><td>台钻</td><td>机用平口钳</td><td>游标卡尺
游标高度尺</td><td>麻花钻
丝锥</td><td>40 min</td><td></td></tr>
<tr><td>30</td><td>检验</td><td>检验室</td><td></td><td></td><td>游标卡尺
千分尺
螺纹样板</td><td></td><td>20 min</td><td></td></tr>
</table>

更改号		拟定	校正	审核	批准
更改者					
日期					

根据图样与工艺分析，在表 1—1—5 中列出加工活动钳体所使用的刀具、夹具及量具的名称、型号规格和用途。

表 1—1—5　　　　　　　　加工活动钳体的刀具、夹具及量具

类别	名称	型号规格	用途
刀具			

续表

类别	名称	型号规格	用途
夹具			
量具			

（3）识读小型平口钳零件 3——支架工艺卡

表 1—1—6 支架工艺卡

<table>
<tr><td rowspan="2">单位名称</td><td rowspan="2"></td><td colspan="3">产品名称</td><td colspan="2">小型平口钳</td><td>图号</td><td>1－01－03</td></tr>
<tr><td colspan="3">零件名称</td><td>支架</td><td>数量</td><td>20</td><td>第 1 页</td></tr>
<tr><td>材料种类</td><td>板材</td><td>材料牌号</td><td colspan="2">45 钢</td><td>毛坯尺寸</td><td colspan="2">70 mm×35 mm×20 mm</td><td>共 1 页</td></tr>
<tr><td rowspan="2">工序号</td><td rowspan="2">工序内容</td><td rowspan="2">车间</td><td rowspan="2">设备</td><td colspan="3">工具</td><td rowspan="2">计划工时</td><td rowspan="2">实际工时</td></tr>
<tr><td>夹具</td><td>量具</td><td>刃具</td></tr>
<tr><td>01</td><td>下料 70 mm×35 mm×20 mm</td><td>金</td><td>割枪</td><td></td><td>钢直尺</td><td></td><td>45 min</td><td></td></tr>
<tr><td>10</td><td>铣削支架</td><td>铣</td><td>X5032</td><td>机用平口钳</td><td>游标卡尺
千分尺</td><td>端铣刀
立铣刀</td><td>120 min</td><td></td></tr>
<tr><td>20</td><td>钻孔、攻螺纹</td><td>钳</td><td>台钻</td><td>机用平口钳</td><td>游标卡尺
游标高度尺</td><td>麻花钻
丝锥</td><td>40 min</td><td></td></tr>
<tr><td>30</td><td>检验</td><td>检验室</td><td></td><td></td><td>游标卡尺
千分尺
螺纹样板
半径样板</td><td></td><td>30 min</td><td></td></tr>
<tr><td colspan="2">更改号</td><td colspan="2"></td><td colspan="2">拟定</td><td>校正</td><td>审核</td><td>批准</td></tr>
<tr><td colspan="2">更改者</td><td colspan="2"></td><td colspan="2"></td><td></td><td></td><td></td></tr>
<tr><td colspan="2">日期</td><td colspan="2"></td><td colspan="2"></td><td></td><td></td><td></td></tr>
</table>

1）根据工序10，绘出支架需要铣削加工部分的草图。

2）根据图样与工艺分析，在表1—1—7中列出加工支架所使用的刀具、夹具及量具的名称、型号规格和用途。

表1—1—7　加工支架的刀具、夹具及量具

类别	名称	型号规格	用途
刀具			
夹具			
量具			

（4）识读小型平口钳零件4——螺纹杆工艺卡

表1—1—8 螺纹杆工艺卡

<table>
<tr><td rowspan="2">单位名称</td><td rowspan="2"></td><td colspan="2">产品名称</td><td colspan="2">小型平口钳</td><td>图号</td><td>1-01-04</td></tr>
<tr><td colspan="2">零件名称</td><td>螺纹杆</td><td>数量</td><td>20</td><td>第1页</td></tr>
<tr><td>材料种类</td><td>冷拉圆钢</td><td>材料牌号</td><td>45钢</td><td>毛坯尺寸</td><td colspan="2">ϕ22 mm×155 mm</td><td>共1页</td></tr>
</table>

工序号	工序内容	车间	设备	工具			计划工时	实际工时
				夹具	量具	刃具		
01	下料 ϕ22 mm×155 mm	金	锯床	V形夹	钢直尺	锯条	10 min	
10	车削螺纹杆	车	CA6140	三爪自定心卡盘	游标卡尺 螺纹环规 千分尺	车刀 圆板牙	180 min	
20	钻孔	钳	台钻	机用平口钳	游标高度尺	麻花钻	20 min	
30	检验	检验室			游标卡尺 千分尺 螺纹样板		20 min	

更改号		拟定	校正	审核	批准
更改者					
日期					

1）绘出工序10螺纹杆需要车削加工部分的草图。

2）根据图样与工艺分析，在表1—1—9中列出加工螺纹杆所使用的刀具、夹具及量具的名称、型号规格和用途。

表1—1—9　加工螺纹杆的刀具、夹具及量具

类别	名称	型号规格	用途
刀具			
夹具			
量具			

（5）识读小型平口钳零件5——手柄工艺卡

表1—1—10　手柄工艺卡

<table>
<tr><td rowspan="2">单位名称</td><td rowspan="2" colspan="2"></td><td colspan="2">产品名称</td><td colspan="2">小型平口钳</td><td>图号</td><td>1-01-05</td></tr>
<tr><td colspan="2">零件名称</td><td>手柄</td><td>数量</td><td>20</td><td>第1页</td></tr>
<tr><td>材料种类</td><td colspan="2">冷拉圆钢</td><td>材料牌号</td><td>45钢</td><td>毛坯尺寸</td><td colspan="2">ϕ15 mm×115 mm</td><td>共1页</td></tr>
<tr><td rowspan="2">工序号</td><td rowspan="2">工序内容</td><td rowspan="2">车间</td><td rowspan="2">设备</td><td colspan="3">工具</td><td rowspan="2">计划工时</td><td rowspan="2">实际工时</td></tr>
<tr><td>夹具</td><td>量具</td><td>刀具</td></tr>
<tr><td>01</td><td>下料ϕ15 mm×115 mm</td><td>金</td><td>锯床</td><td>V形夹</td><td>钢直尺</td><td>锯条</td><td>10 min</td><td></td></tr>
<tr><td>10</td><td>车削手柄</td><td>车</td><td>CA6140</td><td>三爪自定心卡盘</td><td>游标卡尺
螺母
千分尺</td><td>车刀
圆板牙</td><td>60 min</td><td></td></tr>
</table>

续表

工序号	工序内容	车间	设备	工具			计划工时	实际工时
				夹具	量具	刃具		
20	检验	检验室			游标卡尺 千分尺 螺纹样板		20 min	

更改号		拟定	校正	审核	批准
更改者					
日期					

根据图样与工艺分析，在表 1—1—11 中列出加工手柄所使用的刀具、夹具及量具的名称、型号规格和用途。

表 1—1—11　　加工手柄的刀具、夹具及量具

类别	名称	型号规格	用途
刀具			
夹具			
量具			

（6）识读小型平口钳零件6——手柄螺母工艺卡

表1—1—12　　手柄螺母工艺卡

<table>
<tr><td rowspan="2">单位名称</td><td rowspan="2"></td><td colspan="2">产品名称</td><td colspan="2">小型平口钳</td><td>图号</td><td>1-01-06</td></tr>
<tr><td colspan="2">零件名称</td><td>手柄螺母</td><td>数量</td><td>20</td><td>第1页</td></tr>
<tr><td>材料种类</td><td>冷拉圆钢</td><td>材料牌号</td><td>45钢</td><td>毛坯尺寸</td><td colspan="2">ϕ15 mm×20 mm</td><td>共1页</td></tr>
</table>

<table>
<tr><td rowspan="2">工序号</td><td rowspan="2">工序内容</td><td rowspan="2">车间</td><td rowspan="2">设备</td><td colspan="3">工具</td><td rowspan="2">计划工时</td><td rowspan="2">实际工时</td></tr>
<tr><td>夹具</td><td>量具</td><td>刃具</td></tr>
<tr><td>01</td><td>下料ϕ15 mm×20 mm</td><td>金</td><td>锯床</td><td>V形夹</td><td>钢直尺</td><td>锯条</td><td>10 min</td><td></td></tr>
<tr><td>10</td><td>车削手柄螺母</td><td>车</td><td>CA6140</td><td>三爪自定心卡盘</td><td>游标卡尺</td><td>车刀
丝锥</td><td>60 min</td><td></td></tr>
<tr><td>20</td><td>检验</td><td>检验室</td><td></td><td></td><td>游标卡尺
千分尺
螺纹样板</td><td></td><td>20 min</td><td></td></tr>
</table>

更改号		拟定	校正	审核	批准
更改者					
日期					

根据图样与工艺分析，在表1—1—13中列出加工手柄所使用的刀具、夹具及量具的名称、型号规格和用途。

表1—1—13　　加工手柄的刀具、夹具及量具

类别	名称	型号规格	用途
刀具			
夹具			
量具			

（7）识读小型平口钳零件7——螺纹销工艺卡

表1—1—14　　螺纹销工艺卡

<table>
<tr><td rowspan="2">单位名称</td><td rowspan="2"></td><td colspan="2">产品名称</td><td colspan="2">小型平口钳</td><td colspan="2">图号</td><td>1-01-07</td></tr>
<tr><td colspan="2">零件名称</td><td>螺纹销</td><td>数量</td><td colspan="2">40</td><td>第1页</td></tr>
<tr><td>材料种类</td><td>圆钢</td><td>材料牌号</td><td>45钢</td><td>毛坯尺寸</td><td colspan="3">ϕ6 mm×20 mm</td><td>共1页</td></tr>
<tr><td rowspan="2">工序号</td><td rowspan="2">工序内容</td><td rowspan="2">车间</td><td rowspan="2">设备</td><td colspan="3">工具</td><td rowspan="2">计划工时</td><td rowspan="2">实际工时</td></tr>
<tr><td>夹具</td><td>量具</td><td>刀具</td></tr>
<tr><td>01</td><td>下料ϕ6 mm×20 mm</td><td>金</td><td>钢锯</td><td></td><td>钢直尺</td><td>钢锯条</td><td>10 min</td><td></td></tr>
<tr><td>10</td><td>车削螺纹销</td><td>车</td><td>CA6140</td><td>三爪自定心卡盘</td><td>游标卡尺</td><td>车刀
圆板牙</td><td>40 min</td><td></td></tr>
<tr><td>20</td><td>切槽</td><td>钳</td><td>钢锯</td><td>机用平口钳</td><td></td><td>钢锯条</td><td>10 min</td><td></td></tr>
<tr><td>30</td><td>检验</td><td>检验室</td><td></td><td></td><td>游标卡尺
千分尺
螺纹样板</td><td></td><td>20 min</td><td></td></tr>
</table>

更改号		拟定	校正	审核	批准
更改者					
日期					

根据图样与工艺分析，在表1—1—15中列出加工手柄所使用的刀具、夹具及量具的名称、型号规格和用途。

表1—1—15　　加工手柄的刀具、夹具及量具

类别	名称	型号规格	用途
刀具			
夹具			
量具			

四、制定工作进度计划

本生产任务工期为 20 天，依据任务要求，制定合理的工作进度计划，并根据小组成员的特点进行分工。

表 1—1—16　　工作进度安排及分工

序号	工作内容	时间	成员	负责人

学习活动2　小型平口钳加工工序编制

学习目标

1. 能查阅参考资料，叙述铣削平面、连接面、斜面、台阶、沟槽和外圆弧面及孔加工的方法与要点。

2. 能根据零件图样，结合加工图例，确定小型平口钳零件车削和铣削加工步骤和操作要点。

3. 能根据加工步骤，结合生产现场条件，查阅切削手册，正确规范地制定小型平口钳零件的车削和铣削加工工序卡。

建议学时：18学时。

学习过程

一、认知铣削加工

根据图样和工艺分析，小型平口钳制作需要用到铣削加工方法。

1. 铣削平面

(1) 叙述铣削平面的常用方法和刀具。

（2）逆铣的含义是____。

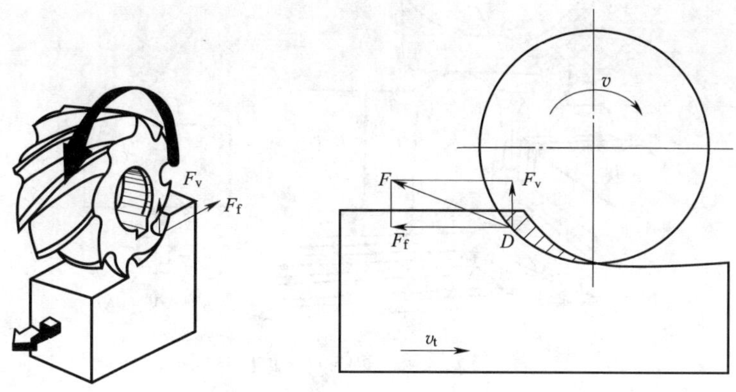

图 1—2—1　逆铣示意图

粗铣时不能采用顺铣的原因是____________________________，所以在铣削时只要铣刀作用在零件上的力不足以拉动工作台的情况下均可以采用顺铣加工。

2．叙述铣削连接面的常用方法和刀具。

3．铣削斜面

（1）铣削斜面常用的方法有：____________、____________和采用________铣刀铣削法。

（2）采用倾斜铣刀法端铣斜面时，若零件基准面处于水平位置，则立铣头应倾斜的角度 α = ________；采用倾斜铣刀法圆周铣斜面时，若零件基准面处于水平位置，则立铣头应倾斜的角度 α = ________。

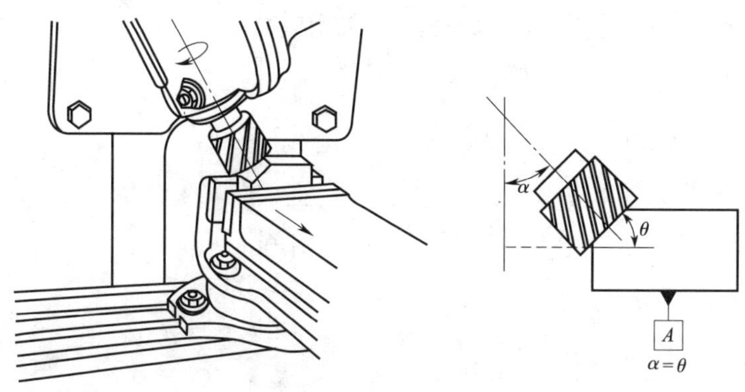

图 1—2—2　采用倾斜铣刀法端铣斜面

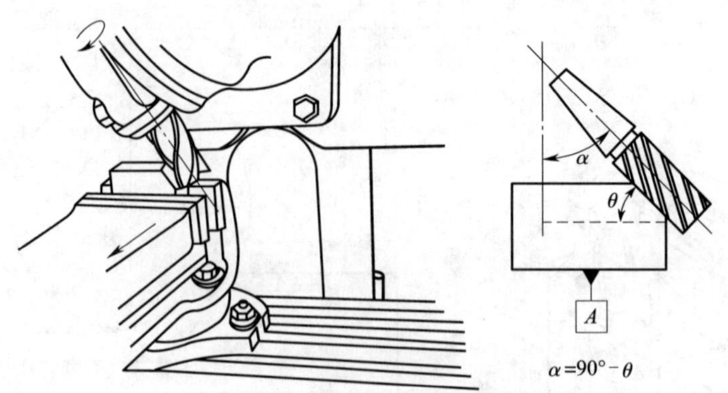

图 1—2—3　采用倾斜铣刀法圆周铣斜面

4. 铣削台阶

（1）台阶常采用在卧式铣床上用______铣刀和在立式铣床上用______铣刀或________铣刀铣削。

（2）铣削台阶时常用的对刀方法有__________法和__________法，其中__________法精度高一些。

（3）立铣刀铣削零件时铣刀容易向不受力或受力小的一侧偏让，这种现象叫做______。

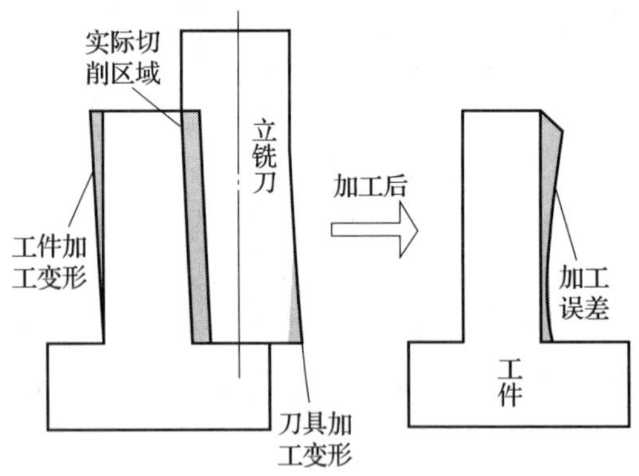

图 1—2—4　让刀现象

5. 铣削沟槽

（1）直角通槽通常用________铣刀或________铣刀铣削。

（2）T 形槽的结构可分为________槽和________槽两部分，铣削时应先铣削出______槽，再用 T 形槽铣刀铣出________槽，最后在槽口倒角。

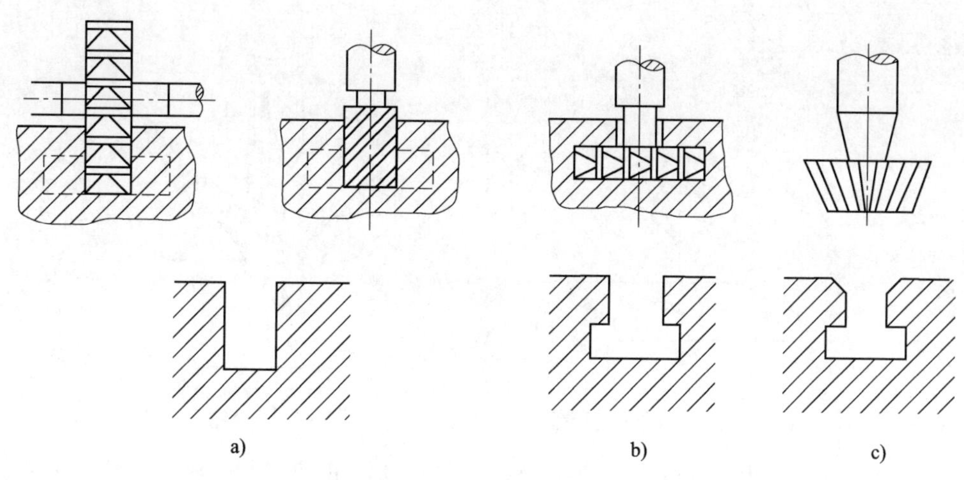

图 1—2—5　T 形槽铣削

a）铣削直槽　b）铣削底槽　c）槽口倒角

（5）铣削 T 形槽时，由于铣刀与零件产生强烈摩擦的切削面积大，并且排屑不畅，切屑容易堵塞排屑通道而造成切削温度急剧升高、铣削抗力增大导致 T 形槽铣刀折断，所以在铣削过程中应____________________和____________________。

（6）铣削封闭槽时应采用立铣刀铣削，采用立铣刀铣削封闭槽时，应先在封闭槽的一端预钻一个直径________铣刀直径的________孔。

6. 列举在铣床上铣削外圆弧面的方法。

7. 零件表面粗糙度的大小与刀具几何角度、刀具修光刃的刃磨情况、______________的高低、零件材料的工艺性能、______________的大小等有关，为了有效减小表面粗糙度，常采用的方法是合理提高主轴转速和适当减小______________。

8. 孔加工

（1）零件上孔的位置精度不高时，可先在零件表面的孔位中心划十字线（见图 1—2—6）并打上样冲眼，这样在钻孔时有利于麻花钻________。

（2）正常钻孔时切屑分别沿麻花钻上两条螺旋槽向零件外排出，若出现单螺旋槽排屑，则说明麻花钻______________________________；钻削塑性金属时切屑应为带状，若切屑为片状或颗粒状，则说明麻花钻____。

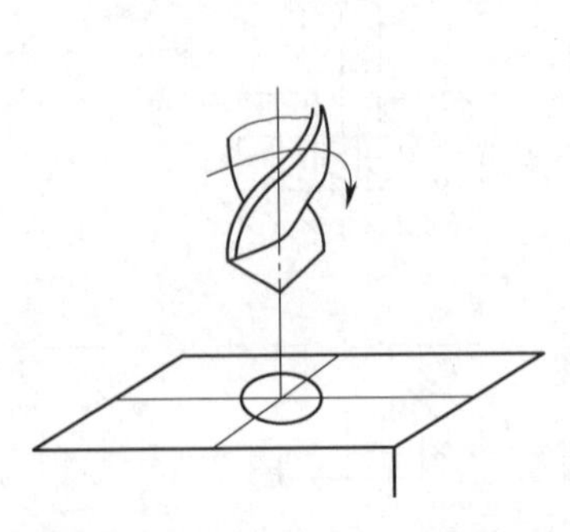

图 1—2—6 零件上划线

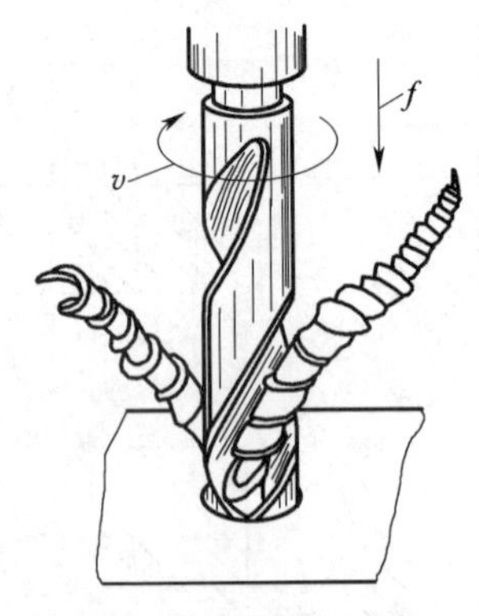

图 1—2—7 钻孔

(3) 深孔表示深径比大于________的孔，这类孔加工时除了应在钻削过程中充分加注________外，还应在钻削过程中及时________，以防止在钻削过程中因切屑堵塞排屑通道而导致麻花钻折断和零件报废。

二、制定小型平口钳加工工序卡

1. 制定小型平口钳零件 1——固定钳体铣削加工工序卡

(1) 在表 1—2—1 中，结合固定钳体铣削加工步骤和图例填写操作内容。

表 1—2—1 固定钳体铣削加工步骤

操作步骤	操作要点	图例	主要夹、量、刃具
1. 铣削外形	固定钳体外形铣削，精加工时应保证外形尺寸为______mm ×______mm ×______mm		机用平口钳 扳手 端铣刀 游标卡尺
2. 铣削平口钳水平导轨和固定钳口	加工前应先校正铣床主轴轴线与纵向进给方向的垂直度，以保证________________和________________的垂直度。水平导轨和固定钳口的表面粗糙度控制在 Ra ________		机用平口钳 扳手 立铣刀 游标卡尺

续表

操作步骤	操作要点	图例	主要夹、量、刃具
3. 铣削导槽	铣削固定钳体两侧的导槽和水平导轨侧面，保证槽侧与水平导轨、水平导轨两侧面的________度		机用平口钳 扳手 立铣刀 游标卡尺
4. 铣削支架位置	铣削支架安装槽，保证槽两侧相对于中心平面的______________度和________精度		机用平口钳 扳手 立铣刀 游标卡尺

（2）根据固定钳体工艺卡工序10和加工步骤，制定固定钳体铣削加工工序卡，并把固定钳体完成图样绘制到工序卡片的空白处。

表1—2—2　　固定钳体铣削加工工序卡

<table>
<tr><td colspan="2" rowspan="2">固定钳体工序卡片</td><td>产品型号</td><td></td><td colspan="2">零件图号</td><td colspan="2"></td><td></td><td></td></tr>
<tr><td>产品名称</td><td></td><td colspan="2">零件名称</td><td colspan="2"></td><td>共　页</td><td>第　页</td></tr>
<tr><td colspan="2" rowspan="11"></td><td colspan="2">车间</td><td colspan="2">工序号</td><td colspan="2">工序名称</td><td colspan="2">材料牌号</td></tr>
<tr><td colspan="2"></td><td colspan="2"></td><td colspan="2"></td><td colspan="2"></td></tr>
<tr><td colspan="2">毛坯种类</td><td colspan="2">毛坯外形尺寸</td><td colspan="2">每毛坯可制件数</td><td colspan="2">每台件数</td></tr>
<tr><td colspan="2"></td><td colspan="2"></td><td colspan="2"></td><td colspan="2"></td></tr>
<tr><td colspan="2">设备名称</td><td colspan="2">设备型号</td><td colspan="2">设备编号</td><td colspan="2">同时加工件数</td></tr>
<tr><td colspan="2"></td><td colspan="2"></td><td colspan="2"></td><td colspan="2"></td></tr>
<tr><td colspan="3">夹具编号</td><td colspan="3">夹具名称</td><td colspan="2">切削液</td></tr>
<tr><td colspan="3"></td><td colspan="3"></td><td colspan="2"></td></tr>
<tr><td colspan="2" rowspan="2">工位器具编号</td><td colspan="2" rowspan="2">工位器具名称</td><td colspan="4">工序工时（min）</td></tr>
<tr><td colspan="2">准终</td><td colspan="2">单件</td></tr>
<tr><td colspan="2"></td><td colspan="2"></td><td colspan="2"></td><td colspan="2"></td></tr>
<tr><td rowspan="2">工步号</td><td rowspan="2">工步内容</td><td rowspan="2">工艺装备</td><td rowspan="2">主轴转速 r/min</td><td rowspan="2">切削速度 m/min</td><td rowspan="2">进给量 mm/r</td><td rowspan="2">切削深度 mm</td><td rowspan="2">进给次数</td><td colspan="2">工步工时（s）</td></tr>
<tr><td>机动</td><td>辅助</td></tr>
<tr><td></td><td></td><td></td><td></td><td></td><td></td><td></td><td></td><td></td><td></td></tr>
<tr><td></td><td></td><td></td><td></td><td></td><td></td><td></td><td></td><td></td><td></td></tr>
</table>

续表

工步号	工步内容	工艺装备	主轴转速 r/min	切削速度 m/min	进给量 mm/r	切削深度 mm	进给次数	工步工时（s）	
								机动	辅助

	设计（日期）	校对（日期）	审核（日期）	标准化（日期）	会签（日期）

2. 制定小型平口钳零件 2——活动钳体铣削加工工序卡

（1）在表 1—2—3 中，结合活动钳体铣削加工步骤和图例填写操作内容。

表 1—2—3　　　　活动钳体铣削加工步骤

操作步骤	操作要点	图例	主要夹、量、刃具
1. 铣削外形	活动钳体的长度尺寸必须与固定钳体上水平导轨的________尺寸相等		机用平口钳 扳手 端铣刀 游标卡尺

续表

操作步骤	操作要点	图例	主要夹、量、刃具
2. 铣削T形槽	直槽两侧面应略大于固定钳体上________的宽度尺寸，且对称于中心平面		机用平口钳 扳手 立铣刀 游标卡尺
	T形槽的高度和宽度尺寸应略大于固定钳体上________的相应尺寸		机用平口钳 扳手 T形槽铣刀 游标卡尺

（2）根据活动钳体工艺卡工序10和加工步骤，制定活动钳体铣削加工工序卡，并把活动钳体完成图样绘制到工序卡片的空白处。

表1—2—4 活动钳体铣削加工工序卡

<table>
<tr><td colspan="2" rowspan="2">活动钳体工序卡片</td><td colspan="2">产品型号</td><td colspan="2"></td><td colspan="2">零件图号</td><td colspan="2"></td><td></td><td></td></tr>
<tr><td colspan="2">产品名称</td><td colspan="2"></td><td colspan="2">零件名称</td><td colspan="2"></td><td>共 页</td><td>第 页</td></tr>
<tr><td colspan="2" rowspan="12"></td><td colspan="2">车间</td><td colspan="2">工序号</td><td colspan="2">工序名称</td><td colspan="2">材料牌号</td></tr>
<tr><td colspan="2"></td><td colspan="2"></td><td colspan="2"></td><td colspan="2"></td></tr>
<tr><td colspan="2">毛坯种类</td><td colspan="2">毛坯外形尺寸</td><td colspan="2">每毛坯可制件数</td><td colspan="2">每台件数</td></tr>
<tr><td colspan="2"></td><td colspan="2"></td><td colspan="2"></td><td colspan="2"></td></tr>
<tr><td colspan="2">设备名称</td><td colspan="2">设备型号</td><td colspan="2">设备编号</td><td colspan="2">同时加工件数</td></tr>
<tr><td colspan="2"></td><td colspan="2"></td><td colspan="2"></td><td colspan="2"></td></tr>
<tr><td colspan="3">夹具编号</td><td colspan="3">夹具名称</td><td colspan="2">切削液</td></tr>
<tr><td colspan="3"></td><td colspan="3"></td><td colspan="2"></td></tr>
<tr><td colspan="2" rowspan="2">工位器具编号</td><td colspan="2" rowspan="2">工位器具名称</td><td colspan="4">工序工时（min）</td></tr>
<tr><td colspan="2">准终</td><td colspan="2">单件</td></tr>
<tr><td colspan="2"></td><td colspan="2"></td><td colspan="2"></td><td colspan="2"></td></tr>
<tr><td colspan="8"></td></tr>
<tr><td rowspan="2">工步号</td><td rowspan="2">工步内容</td><td rowspan="2">工艺装备</td><td rowspan="2">主轴转速 r/min</td><td rowspan="2">切削速度 m/min</td><td rowspan="2">进给量 mm/r</td><td rowspan="2">切削深度 mm</td><td rowspan="2">进给次数</td><td colspan="2">工步工时（s）</td></tr>
<tr><td>机动</td><td>辅助</td></tr>
<tr><td></td><td></td><td></td><td></td><td></td><td></td><td></td><td></td><td></td><td></td></tr>
<tr><td></td><td></td><td></td><td></td><td></td><td></td><td></td><td></td><td></td><td></td></tr>
</table>

续表

工步号	工步内容	工艺装备	主轴转速 r/min	切削速度 m/min	进给量 mm/r	切削深度 mm	进给次数	工步工时（s）	
								机动	辅助

	设计（日期）	校对（日期）	审核（日期）	标准化（日期）	会签（日期）

3. 制定小型平口钳零件 3——支架铣削加工工序卡

（1）在表 1—2—5 中，结合支架铣削加工步骤和图例填写操作内容。

表 1—2—5　　支架铣削加工步骤

操作步骤	操作要点	图例	主要夹、量、刃具
1. 铣削支架外形	支架的宽度尺寸应与固定钳体的________配做		机用平口钳 扳手 端铣刀 游标卡尺

续表

操作步骤	操作要点	图例	主要夹、量、刃具
2. 铣削 *R*13 圆弧面	校正铣刀与心轴中心重合。回转台刻度归零；装夹并校正工件侧面后压紧。工件侧面贴纸，试切并记住刻度后退出工件。用________法分多刀铣削至试刀时的刻度		U 形铁 铣刀 螺栓

（2）根据支架工艺卡工序 10 和加工步骤，制定支架铣削加工工序卡，并把支架完成图样绘制到工序卡片的空白处。

表 1—2—6　　　　支架铣削加工工序卡

支架工序卡片	产品型号		零件图号			
	产品名称		零件名称		共　页	第　页

车间	工序号	工序名称	材料牌号
毛坯种类	毛坯外形尺寸	每毛坯可制件数	每台件数
设备名称	设备型号	设备编号	同时加工件数

夹具编号	夹具名称	切削液

工位器具编号	工位器具名称	工序工时（min）	
		准终	单件

工步号	工步内容	工艺装备	主轴转速 r/min	切削速度 m/min	进给量 mm/r	切削深度 mm	进给次数	工步工时（s）	
								机动	辅助

续表

工步号	工步内容	工艺装备	主轴转速 r/min	切削速度 m/min	进给量 mm/r	切削深度 mm	进给次数	工步工时（s）	
								机动	辅助

	设计（日期）	校对（日期）	审核（日期）	标准化（日期）	会签（日期）

4．制定小型平口钳零件 4——螺纹杆车削加工工序卡

（1）列出螺纹杆车削的难点及解决方法。

（2）根据螺纹杆工艺卡工序10，制定螺纹杆车削加工工序卡，并把螺纹杆完成图样绘制到工序卡片的空白处。

表1—2—7　　螺纹杆车削加工工序卡

螺纹杆工序卡片	产品型号		零件图号			
	产品名称		零件名称		共　页	第　页

车间	工序号	工序名称	材料牌号
毛坯种类	毛坯外形尺寸	每毛坯可制件数	每台件数
设备名称	设备型号	设备编号	同时加工件数

夹具编号	夹具名称	切削液

工位器具编号	工位器具名称	工序工时（min）	
		准终	单件

工步号	工步内容	工艺装备	主轴转速 r/min	切削速度 m/min	进给量 mm/r	切削深度 mm	进给次数	工步工时（s）	
								机动	辅助

续表

<table>
<tr><td rowspan="2">工步号</td><td rowspan="2">工步内容</td><td rowspan="2">工艺装备</td><td rowspan="2">主轴
转速
r/min</td><td rowspan="2">切削
速度
m/min</td><td rowspan="2">进给量
mm/r</td><td rowspan="2">切削
深度
mm</td><td rowspan="2">进给
次数</td><td colspan="2">工步工时（s）</td></tr>
<tr><td>机动</td><td>辅助</td></tr>
<tr><td></td><td></td><td></td><td></td><td></td><td></td><td></td><td></td><td></td><td></td></tr>
<tr><td></td><td></td><td></td><td></td><td></td><td></td><td></td><td></td><td></td><td></td></tr>
<tr><td></td><td></td><td></td><td></td><td></td><td></td><td></td><td></td><td></td><td></td></tr>
</table>

<table>
<tr><td rowspan="2"></td><td>设计
（日期）</td><td>校对
（日期）</td><td>审核
（日期）</td><td>标准化
（日期）</td><td>会签
（日期）</td></tr>
<tr><td></td><td></td><td></td><td></td><td></td></tr>
</table>

5．制定小型平口钳零件5——手柄车削加工工序卡

根据手柄工艺卡工序10，制定手柄车削加工工序卡，并把手柄完成图样绘制到工序卡片的空白处。

表1—2—8　　手柄车削加工工序卡

<table>
<tr><td rowspan="2">手柄工序卡片</td><td>产品型号</td><td></td><td>零件图号</td><td></td><td></td><td></td></tr>
<tr><td>产品名称</td><td></td><td>零件名称</td><td></td><td>共　页</td><td>第　页</td></tr>
</table>

<table>
<tr><td rowspan="14"></td><td>车间</td><td>工序号</td><td>工序名称</td><td>材料牌号</td></tr>
<tr><td></td><td></td><td></td><td></td></tr>
<tr><td>毛坯种类</td><td>毛坯外形尺寸</td><td>每毛坯可制件数</td><td>每台件数</td></tr>
<tr><td></td><td></td><td></td><td></td></tr>
<tr><td>设备名称</td><td>设备型号</td><td>设备编号</td><td>同时加工件数</td></tr>
<tr><td></td><td></td><td></td><td></td></tr>
<tr><td>夹具编号</td><td colspan="2">夹具名称</td><td>切削液</td></tr>
<tr><td></td><td colspan="2"></td><td></td></tr>
<tr><td rowspan="2">工位器具编号</td><td rowspan="2">工位器具名称</td><td colspan="2">工序工时（min）</td></tr>
<tr><td>准终</td><td>单件</td></tr>
<tr><td></td><td></td><td></td><td></td></tr>
</table>

<table>
<tr><td rowspan="2">工步号</td><td rowspan="2">工步内容</td><td rowspan="2">工艺装备</td><td rowspan="2">主轴
转速
r/min</td><td rowspan="2">切削
速度
m/min</td><td rowspan="2">进给量
mm/r</td><td rowspan="2">切削
深度
mm</td><td rowspan="2">进给
次数</td><td colspan="2">工步工时（s）</td></tr>
<tr><td>机动</td><td>辅助</td></tr>
<tr><td></td><td></td><td></td><td></td><td></td><td></td><td></td><td></td><td></td><td></td></tr>
<tr><td></td><td></td><td></td><td></td><td></td><td></td><td></td><td></td><td></td><td></td></tr>
</table>

续表

工步号	工步内容	工艺装备	主轴转速 r/min	切削速度 m/min	进给量 mm/r	切削深度 mm	进给次数	工步工时（s）	
								机动	辅助

	设计（日期）	校对（日期）	审核（日期）	标准化（日期）	会签（日期）

6．制定小型平口钳零件 6——手柄螺母车削加工工序卡

根据手柄螺母工艺卡工序 10，制定手柄螺母车削加工工序卡，并把手柄螺母完成图样绘制到工序卡片的空白处。

表 1—2—9　　手柄螺母车削加工工序卡

手柄螺母工序卡片	产品型号		零件图号			
	产品名称		零件名称		共　页	第　页

车间	工序号	工序名称	材料牌号
毛坯种类	毛坯外形尺寸	每毛坯可制件数	每台件数
设备名称	设备型号	设备编号	同时加工件数

夹具编号	夹具名称	切削液

工位器具编号	工位器具名称	工序工时（min）	
		准终	单件

工步号	工步内容	工艺装备	主轴转速 r/min	切削速度 m/min	进给量 mm/r	切削深度 mm	进给次数	工步工时（s）	
								机动	辅助

续表

工步号	工步内容	工艺装备	主轴转速 r/min	切削速度 m/min	进给量 mm/r	切削深度 mm	进给次数	工步工时（s）	
								机动	辅助

	设计（日期）	校对（日期）	审核（日期）	标准化（日期）	会签（日期）

7. 制定小型平口钳零件 7——螺纹销车削加工工序卡

根据螺纹销工艺卡工序 10，制定螺纹销车削加工工序卡，并把螺纹销完成图样绘制到工序卡片的空白处。

表 1—2—10　　螺纹销车削加工工序卡

螺纹销工序卡片	产品型号		零件图号			
	产品名称		零件名称		共　页	第　页

车间	工序号	工序名称	材料牌号
毛坯种类	毛坯外形尺寸	每毛坯可制件数	每台件数
设备名称	设备型号	设备编号	同时加工件数
夹具编号	夹具名称	切削液	
工位器具编号	工位器具名称	工序工时（min）	
		准终	单件

工步号	工步内容	工艺装备	主轴转速 r/min	切削速度 m/min	进给量 mm/r	切削深度 mm	进给次数	工步工时（s）	
								机动	辅助

续表

工步号	工步内容	工艺装备	主轴转速 r/min	切削速度 m/min	进给量 mm/r	切削深度 mm	进给次数	工步工时（s）	
								机动	辅助

	设计（日期）	校对（日期）	审核（日期）	标准化（日期）	会签（日期）

学习活动3　小型平口钳加工

学习目标

1. 能根据小型平口钳图样要求，到材料库正确规范地领取材料。

2. 能根据小型平口钳图样工艺要求，到工具库正确规范地领取工、量、刃、夹具。

3. 能查阅参考资料，叙述铣床操作的步骤、要领和注意事项。

4. 能根据操作提示，严格按照机床操作规程完成小型平口钳零件的加工，对加工完成的零件进行质量检测，并对加工中出现的问题提出改进措施。

5. 能按国家环保相关规定和安全文明生产要求整理现场，合理保养维护工、量、刃、夹具及设备，正确处置废油液等废弃物；能严格按照车间管理规定，正确规范地交接班和保养车床。

建议学时：70学时。

学习过程

一、填写领料单并领取材料

表 1—3—1　　领料单

<table>
<tr><td colspan="2">领料部门</td><td colspan="2"></td><td colspan="2">产品名称及数量</td><td></td></tr>
<tr><td colspan="2">领料单号</td><td colspan="2"></td><td colspan="2">零件名称及数量</td><td></td></tr>
<tr><td rowspan="2">材料名称</td><td rowspan="2">材料规格及型号</td><td rowspan="2">单位</td><td colspan="2">数量</td><td rowspan="2">单价</td><td rowspan="2">总价</td></tr>
<tr><td>请领</td><td>实发</td></tr>
<tr><td></td><td></td><td></td><td></td><td></td><td></td><td></td></tr>
<tr><td>材料用途说明</td><td>材料仓库</td><td>主管</td><td>发料数量</td><td>领料部门</td><td>主管</td><td>领料数量</td></tr>
<tr><td></td><td></td><td></td><td></td><td></td><td></td><td></td></tr>
</table>

二、汇总工、量、刃、夹具清单并领取工、量、刃、夹具

表 1—3—2　　工、量、刃、夹具清单

序号	名称	型号规格	数量	需领用数量

续表

序号	名称	型号规格	数量	需领用数量

三、认知铣床操作

1．安装和校正机用平口钳

安装：机用平口钳一般应安装在铣床工作台长度方向＿＿＿＿＿＿＿＿＿、宽度方向的＿＿＿＿位置，其目的是＿＿＿＿＿＿＿＿＿＿＿＿＿。

图 1—3—1　机用平口钳的安装位置

校正：铣削平面时机用平口钳的＿＿＿＿＿＿＿＿是基准，校正包括固定钳口与铣床＿＿＿＿＿＿＿的平行度或垂直度校正。

图 1—3—2　钳口平行度校正

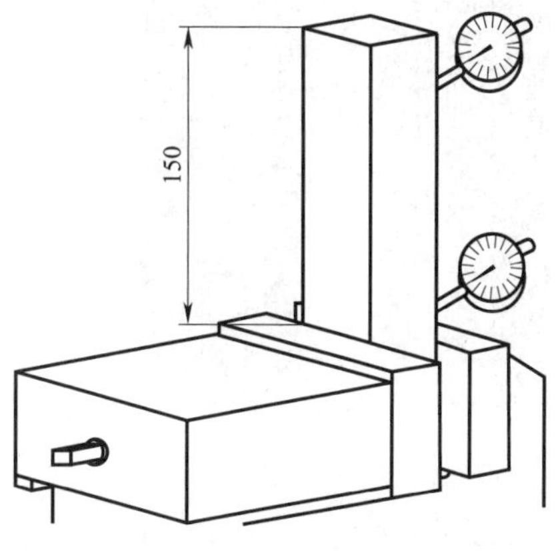

图 1—3—3　钳口垂直度校正

2．装夹零件

基准选择：粗基准选择时应选择零件上__________________的表面；精基准选择时应尽量选择零件上的_________表面。

安装：安装零件的过程包括________和________。

夹紧零件时用力不能过大，应根据铣削加工的性质（粗、精加工）确定，能确保铣削时零件不会松动为宜。

零件夹紧时会因活动钳口_______________而导致零件基准面不能与机用平口钳的基准面充分贴实，所以校正零件时要用锤子敲击零件，使零件与机用平口钳的固定钳口、水平导轨或水平导轨上的平行垫铁充分贴实。

图 1—3—4　校正零件

3．安装端铣刀

把端铣刀安装到主轴上，上紧拉杆。手动转动刀盘观察刀盘在转动时无明显跳动即安装正确。

若使用的是手工刃磨的端铣刀和刀盘，除上述安装外，还应把端铣刀安装到刀盘上，安装时铣刀的前面正对_____________方向，刀尖应伸出刀盘下端面___________mm。

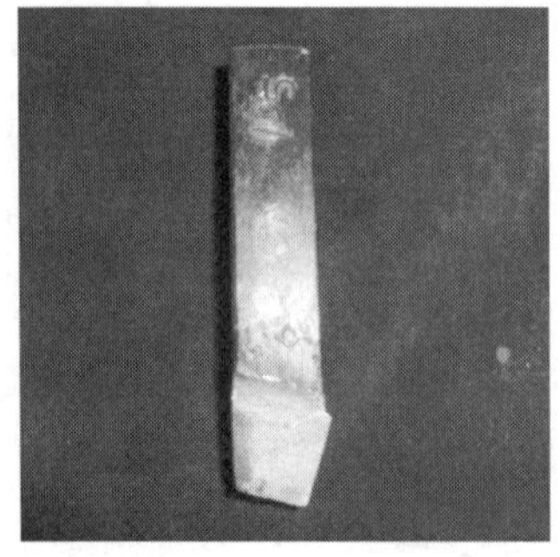

图 1—3—5　端铣刀

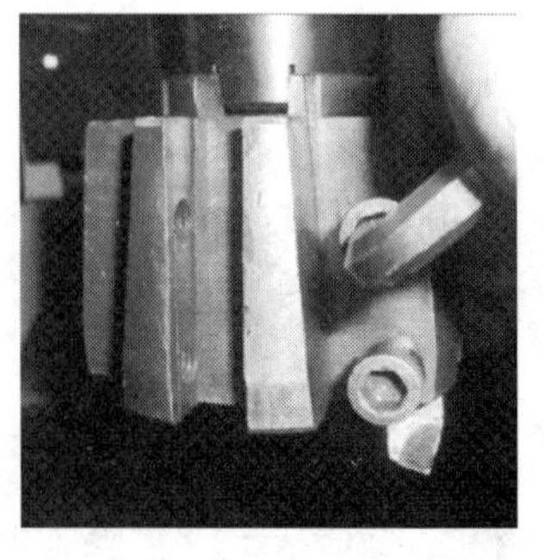

图 1—3—6　在端铣刀盘上安装端铣刀

4．调整铣削用量

铣削用量包括_____________、_____________和_____________。其中铣床主轴转

速的大小主要和端铣刀的__________、端铣刀切削部分的材料所允许的______有关。一般情况下，端铣刀的直径越大，零件材料越硬，端铣刀切削部分的材料热硬性越差，选择的主轴转速就越________，反之则________。如使用直径为100 mm的硬质合金端铣刀铣削零件，推荐使用的铣削速度为125.6 m/min，则计算出的铣床主轴转速为________r/min。

5. 铣削平面和连接面

(1) 叙述端铣刀铣削平面的对刀过程。

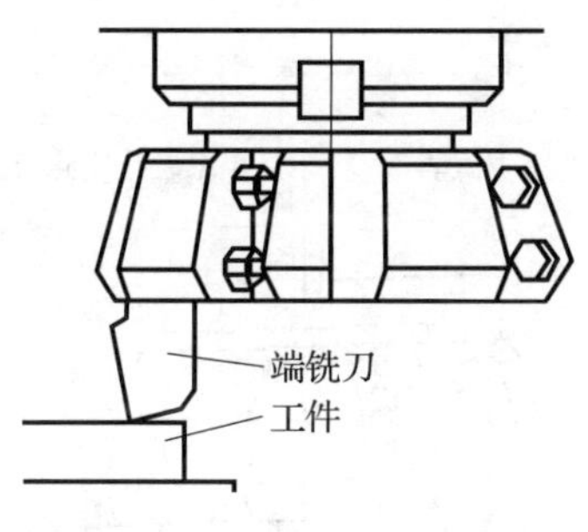

图1—3—7　端铣刀对刀

(2) 铣削垂直面时应将零件基准面与机用平口钳______________贴平夹紧，铣削平行面时应将零件基准面与机用平口钳固定钳口或______________贴平夹紧并用锤子校正。

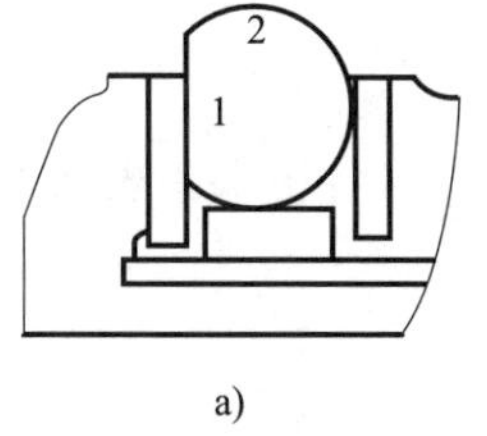

a)

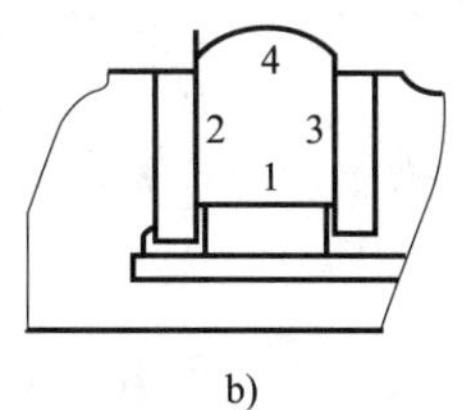

b)

图1—3—8　连接面铣削（图中标号1为基准面）

a）铣削垂直面（面2）　b）铣削平行面（面4）

(3) 主轴刚一启动就打刀，原因是工件在主轴启动之前已进入铣刀的____________。因此，主轴启动之前，应先用手转动铣刀一周，观察工件位置是否合适。

(4) 工作台抖动，切屑飞出时带火花，切削声音异常沉重，原因可能是铣刀刃______，或吃刀太深，应立即停车采取措施。

（5）在零件和活动钳口之间垫圆棒铣削连接面的目的是__________________________。

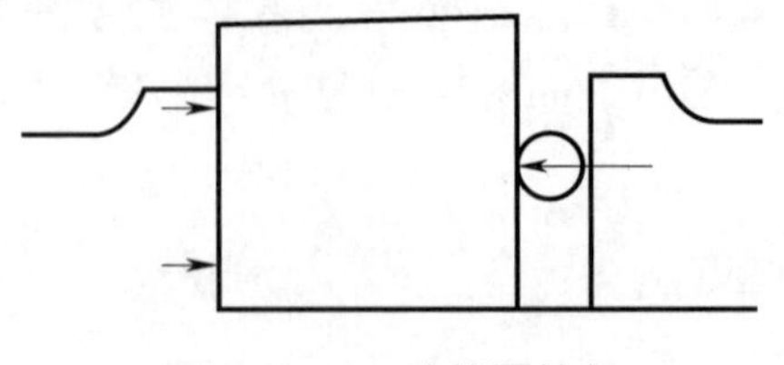

图 1—3—9　连接面铣削

（6）造成垂直度超差的主要原因有：机用平口钳固定钳口与工作台面不垂直、______过大、零件基准面与固定钳口未贴实或二者之间有杂物等。

（7）造成平行度超差的主要原因有：零件与机用平口钳水平导轨或平行垫铁未贴实、______________有误差、零件基准面与紧贴固定钳口的表面不垂直等。

（8）端铣平面时，若铣床主轴轴线与工作台纵向进给方向不垂直，且零件是从刀尖高的一端向低的一端进给运动，会产生________现象，应及时进行主轴校正。

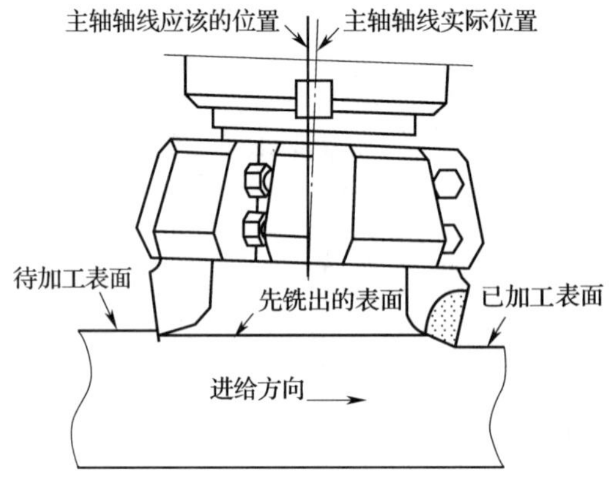

图 1—3—10　拖刀现象

（9）精铣过程中，若中途停止零件进给，会在零件已加工表面上产生一条沟纹，这种现象叫________。

6. 叙述普通铣床的操作要领和注意事项。

7. 叙述主轴垂直与不垂直工作台时，铣刀纹的区别。

四、完成小型平口钳零件加工和质量检测

1. 小型平口钳零件1——固定钳体加工

（1）按照固定钳体铣削操作过程的提示，在实训场地完成固定钳体的铣削加工。

表1—3—3　固定钳体铣削操作过程

操作步骤	操作要点
1. 加工前准备工作	（1）按操作规程，加工零件前检查各电气设施，手柄、传动部位、防护、限位装置是否齐全可靠、灵活，然后完成机床润滑、预热等准备工作 （2）根据车间要求，合理放置毛坯料、刀具、量具、图样、工序卡等
2. 固定钳体铣削加工	（1）合理安装刀具 （2）合理装夹毛坯料 （3）根据固定钳体铣削加工工序卡，规范操作铣床铣削固定钳体达到图样要求，及时合理做好在线检测工作 （4）根据检测表，合理检测铣削完成的固定钳体
3. 加工后整理工作	加工完毕后，正确放置零件，并进行产品交接确认；按照国家环保相关规定和车间要求，整理现场，正确处置废油液等废弃物；按车间规定填写交接班记录（见附表1）和设备日常保养记录卡（见附表2）

（2）加工完成后将加工过程中出现的问题记录下来，分析问题并写出改进措施。

（3）对铣削加工完成的固定钳体进行质量检测，并把检测结果填入表1—3—4。

表1—3—4 固定钳体铣削工序检测表

序号	考核项目	考核内容及要求	配分 IT Ra	评分标准	检测结果 IT Ra	得分
1	长度	63	1	IT13 超差不得分		
2		80	1	IT13 超差不得分		
3		160	1	IT13 超差不得分		
4		130	1	IT13 超差不得分		
5		38	1	IT13 超差不得分		
6		2.5	1	IT13 超差不得分		
7		16（3处）	3×1	IT13 超差不得分		
8		13	1	IT13 超差不得分		
9		26	1	IT13 超差不得分		
10		20	1	IT13 超差不得分		
11		25	1	IT13 超差不得分		
12		32	1	IT13 超差不得分		
13		15	1	IT13 超差不得分		
14		$10_{-0.043}^{-0.021}$（2处）	2×2	超差不得分		
15		$26_{0}^{+0.021}$	2	超差不得分		
16		$52_{-0.1}^{0}$	2	超差不得分		
17		$60_{-0.10}^{-0.02}$	2	超差不得分		
18	圆弧	*R*5（2处）	0.5×2	m 超差不得分		
19	倒角	*C*3（3处）	3×1	m 超差不得分		
20	形位精度	// 0.033 *A*	1	超差不得分		
21		⊥ 0.021 *A*	2×1	超差不得分		
22	表面粗糙度	*Ra*1.6 μm（2处）	2×2	超差不得分		
23		*Ra*3.2 μm（22处）	22×2	超差不得分		
24	设备及工、量、刃、夹具的使用维护	正确规范使用工、量、刃、夹具并进行合理保养及维护	10	不符合要求酌情扣1~10分		
25		正确规范使用设备，合理保养及维护设备		不符合要求酌情扣1~10分		
26		操作姿势、动作正确		不符合要求酌情扣1~10分		

续表

序号	考核项目	考核内容及要求	配分 IT Ra	评分标准	检测结果 IT Ra	得分
27	安全与其他	按国家颁布的有关法规或企业制定的有关规定，安全文明生产	10	一项不符合要求扣2分，发生较大事故取消考核资格		
28		操作、工艺规范正确		一处不符合要求扣2分		
29		工作服正确穿戴		一处不符合要求扣2分		
30		工件各表面无缺陷		不符合要求扣1~8分		
31		按机械制造企业环保管理有关规定，环保处理		不符合要求扣1~10分		
总分			100			

（4）根据固定钳体图样和工艺卡要求，铣削完成后，要到钳加工车间加工下一道工序，叙述固定钳体的钳加工内容以及检验方法。

（5）根据固定钳体图样和工艺卡要求，钳加工完成后，要到磨削车间加工下一道工序，叙述固定钳体的磨削加工内容。

2. 小型平口钳零件2——活动钳体加工

(1) 按照活动钳体铣削操作过程的提示，在实训场地完成活动钳体的铣削加工。

表1—3—5 活动钳体铣削操作过程

操作步骤	操作要点
1. 加工前准备工作	(1) 按操作规程，加工零件前检查各电气设施，手柄、传动部位、防护、限位装置是否齐全可靠、灵活，然后完成机床润滑、预热等准备工作 (2) 根据车间要求，合理放置毛坯料、刀具、量具、图样、工序卡等
2. 活动钳体铣削加工	(1) 合理安装刀具 (2) 合理装夹毛坯料 (3) 根据活动钳体铣削加工工序卡，规范操作铣床铣削活动钳体达到图样要求，及时合理做好在线检测工作 (4) 根据检测表，合理检测铣削完成的活动钳体
3. 加工后整理工作	加工完毕后，正确放置零件，并进行产品交接确认；按照国家环保相关规定和车间要求，整理现场，正确处置废油液等废弃物；按车间规定填写交接班记录（见附表1）和设备日常保养记录卡（见附表2）

(2) 加工完成后将加工过程中出现的问题记录下来，分析问题并写出改进措施。

（3）对铣削加工完成的活动钳体进行质量检测，并把检测结果填入表 1—3—6。

表 1—3—6　　活动钳体铣削工序检测表

序号	考核项目	考核内容及要求	配分 IT　Ra	评分标准	检测结果 IT　Ra	得分
1	长度	80	2	IT13 超差不得分		
2		30	2	IT13 超差不得分		
3		10（2 处）	1×2	IT13 超差不得分		
4		4	2	IT13 超差不得分		
5		20（2 处）	1×2	IT13 超差不得分		
6		43	2	IT13 超差不得分		
7		5（2 处）	1×2	IT13 超差不得分		
8		$10^{+0.1}_{0}$	2	超差不得分		
9		12 ± 0.021	4	超差不得分		
10		$25^{+0.043}_{+0.018}$	4	超差不得分		
11		$52^{+0.04}_{+0.02}$	4	超差不得分		
12		$60^{+0.043}_{+0.011}$	4	超差不得分		
13		$10^{+0.055}_{+0.011}$	4	超差不得分		
14	表面粗糙度	*Ra*1.6 μm（4 处）	4×4	超差不得分		
15		*Ra*3.2 μm（14 处）	14×2	超差不得分		
16	设备及工、量、刃、夹具的使用维护	正确规范使用工、量、刃、夹具并进行合理保养及维护	10	不符合要求酌情扣 1～10 分		
17		正确规范使用设备，合理保养及维护设备		不符合要求酌情扣 1～10 分		
18		操作姿势、动作正确		不符合要求酌情扣 1～10 分		
19	安全与其他	按国家颁布的有关法规或企业制定的有关规定，安全文明生产	10	一项不符合要求扣 2 分，发生较大事故取消考核资格		
20		操作、工艺规范正确		一处不符合要求扣 2 分		
21		工作服正确穿戴		一处不符合要求扣 2 分		

续表

序号	考核项目	考核内容及要求	配分 IT Ra	评分标准	检测结果 IT Ra	得分
22	安全与其他	工件各表面无缺陷	10	不符合要求扣1~8分		
23		按机械制造企业环保管理有关规定，环保处理		不符合要求扣1~10分		
	总分		100			

（4）根据活动钳体图样和工艺卡要求，铣削完成后，要到钳加工车间加工下一道工序，叙述活动钳体的钳加工内容以及检验方法。

3. 小型平口钳零件3——支架铣削加工

（1）按照支架铣削操作过程的提示，在实训场地完成支架的铣削加工。

表1—3—7　　支架铣削操作过程

操作步骤	操作要点
1. 加工前准备工作	（1）按操作规程，加工零件前检查各电气设施，手柄、传动部位、防护、限位装置是否齐全可靠、灵活，然后完成机床润滑、预热等准备工作 （2）根据车间要求，合理放置毛坯料、刀具、量具、图样、工序卡等
2. 支架铣削加工	（1）合理安装刀具 （2）合理装夹毛坯料 （3）根据支架铣削加工工序卡，规范操作铣床铣削支架达到图样要求，及时合理做好在线检测工作 （4）根据检测表，合理检测铣削完成的支架
3. 加工后整理工作	加工完毕后，正确放置零件，并进行产品交接确认；按照国家环保相关规定和车间要求，整理现场，正确处置废油液等废弃物；按车间规定填写交接班记录（见附表1）和设备日常保养记录卡（见附表2）

（2）加工完成后将加工过程中出现的问题记录下来，分析问题并写出改进措施。

（3）对铣削加工完成的支架进行质量检测，并把检测结果填入表1—3—8。

表1—3—8　　支架铣削工序检测表

<table>
<tr><th rowspan="2">序号</th><th rowspan="2">考核项目</th><th rowspan="2">考核内容及要求</th><th>配分</th><th rowspan="2">评分标准</th><th>检测结果</th><th rowspan="2">得分</th></tr>
<tr><th>IT　Ra</th><th>IT　Ra</th></tr>
<tr><td>1</td><td rowspan="4">长度</td><td>47 ±0. 021</td><td>10</td><td>超差不得分</td><td></td><td></td></tr>
<tr><td>2</td><td>$26_{-0.043}^{-0.011}$</td><td>10</td><td>超差不得分</td><td></td><td></td></tr>
<tr><td>3</td><td>13（2处）</td><td>2×4</td><td>IT13超差不得分</td><td></td><td></td></tr>
<tr><td>4</td><td>16</td><td>4</td><td>IT13超差不得分</td><td></td><td></td></tr>
<tr><td>5</td><td>圆弧</td><td>R13</td><td>8</td><td>m超差不得分</td><td></td><td></td></tr>
<tr><td>6</td><td>表面粗糙度</td><td>Ra3. 2 μm（10处）</td><td>10×4</td><td>超差不得分</td><td></td><td></td></tr>
<tr><td>7</td><td rowspan="3">设备及工、量、刃、夹具的使用维护</td><td>正确规范使用工、量、刃、夹具并进行合理保养及维护</td><td rowspan="3">10</td><td>不符合要求酌情扣1～10分</td><td></td><td></td></tr>
<tr><td>8</td><td>正确规范使用设备，合理保养及维护设备</td><td>不符合要求酌情扣1～10分</td><td></td><td></td></tr>
<tr><td>9</td><td>操作姿势、动作正确</td><td>不符合要求酌情扣1～10分</td><td></td><td></td></tr>
<tr><td>10</td><td rowspan="5">安全与其他</td><td>按国家颁布的有关法规或企业制定的有关规定，安全文明生产</td><td rowspan="5">10</td><td>一项不符合要求扣2分，发生较大事故取消考核资格</td><td></td><td></td></tr>
<tr><td>11</td><td>操作、工艺规范正确</td><td>一处不符合要求扣2分</td><td></td><td></td></tr>
<tr><td>12</td><td>工作服正确穿戴</td><td>一处不符合要求扣2分</td><td></td><td></td></tr>
<tr><td>13</td><td>工件各表面无缺陷</td><td>不符合要求扣1～8分</td><td></td><td></td></tr>
<tr><td>14</td><td>按机械制造企业环保管理有关规定，环保处理</td><td>不符合要求扣1～10分</td><td></td><td></td></tr>
<tr><td colspan="3">总分</td><td>100</td><td></td><td></td><td></td></tr>
</table>

（4）根据支架图样和工艺卡要求，铣削完成后，要到钳加工车间加工下一道工序，叙述支架的钳加工内容以及检验方法。

4. 小型平口钳零件4——螺纹杆加工

（1）按照螺纹杆车削操作过程的提示，在实训场地完成螺纹杆的车削加工。

表1—3—9　　螺纹杆车削操作过程

操作步骤	操作要点
1. 加工前准备工作	（1）按操作规程，加工零件前检查各电气设施，手柄、传动部位、防护、限位装置是否齐全可靠、灵活，然后完成机床润滑、预热等准备工作 （2）根据车间要求，合理放置毛坯料、刀具、量具、图样、工序卡等
2. 螺纹杆车削加工	（1）合理安装刀具 （2）合理装夹毛坯料 （3）根据螺纹杆车削加工工序卡，规范操作车床车削螺纹杆达到图样要求，及时合理做好在线检测工作 （4）根据检测表，合理检测车削完成的螺纹杆
3. 加工后整理工作	加工完毕后，正确放置零件，并进行产品交接确认；按照国家环保相关规定和车间要求，整理现场，正确处置废油液等废弃物；按车间规定填写交接班记录（见附表1）和设备日常保养记录卡（见附表2）

（2）加工完成后将加工过程中出现的问题记录下来，分析问题并写出改进措施。

（3）对车削加工完成的螺纹杆进行质量检测，并把检测结果填入表1—3—10。

表1—3—10 螺纹杆车削工序检测表

序号	考核项目	考核内容及要求	配分 IT Ra	评分标准	检测结果 IT Ra	得分
1	外圆	$\phi 10_{-0.10}^{-0.03}$	8	超差不得分		
2		$\phi 6$	5	IT13 超差不得分		
3		$\phi 10$	4	IT13 超差不得分		
4		$\phi 20$	4	IT13 超差不得分		
5	螺纹	M12－6g	15	超差不得分		
6	长度	4	3	IT13 超差不得分		
7		3.5	3	IT13 超差不得分		
8		4.5	3	IT13 超差不得分		
9		105	3	IT13 超差不得分		
10		150	3	IT13 超差不得分		
11		30	3	IT13 超差不得分		
12	表面粗糙度	*Ra*1.6 μm	2	超差不得分		
13		*Ra*3.2 μm（12处）	12×2	超差不得分		
14	设备及工、量、刃、夹具的使用维护	正确规范使用工、量、刃、夹具并进行合理保养及维护	10	不符合要求酌情扣1～10分		
15		正确规范使用设备，合理保养及维护设备		不符合要求酌情扣1～10分		
16		操作姿势、动作正确		不符合要求酌情扣1～10分		
17	安全与其他	按国家颁布的有关法规或企业制定的有关规定，安全文明生产	10	一项不符合要求扣2分，发生较大事故取消考核资格		
18		操作、工艺规范正确		一处不符合要求扣2分		
19		工作服正确穿戴		一处不符合要求扣2分		
20		工件各表面无缺陷		不符合要求扣1～8分		
21		按机械制造企业环保管理有关规定，环保处理		不符合要求扣1～10分		
总分						

（4）根据螺纹杆图样和工艺卡要求，车削完成后，要到钳加工车间加工下一道工序，叙述螺纹杆的钳加工内容以及检验方法。

5. 小型平口钳零件5——手柄加工

（1）按照手柄车削操作过程的提示，在实训场地完成手柄的车削加工。

表1—3—11　　手柄车削操作过程

操作步骤	操作要点
1. 加工前准备工作	（1）按操作规程，加工零件前检查各电气设施，手柄、传动部位、防护、限位装置是否齐全可靠、灵活，然后完成机床润滑、预热等准备工作 （2）根据车间要求，合理放置毛坯料、刀具、量具、图样、工序卡等
2. 手柄车削加工	（1）合理安装刀具 （2）合理装夹毛坯料 （3）根据手柄车削加工工序卡，规范操作车床车削手柄达到图样要求，及时合理做好在线检测工作 （4）根据检测表，合理检测车削完成的手柄
3. 加工后整理工作	加工完毕后，正确放置零件，并进行产品交接确认；按照国家环保相关规定和车间要求，整理现场，正确处置废油液等废弃物；按车间规定填写交接班记录（见附表1）和设备日常保养记录卡（见附表2）

（2）加工完成后将加工过程中出现的问题记录下来，分析问题并写出改进措施。

（3）对车削加工完成的手柄进行质量检测，并把检测结果填入表1—3—12。

表1—3—12　　　　　　　　　　手柄车削工序检测表

序号	考核项目	考核内容及要求	配分 IT　Ra	评分标准	检测结果 IT　Ra	得分
1	螺纹	M5	15	超差不得分		
2	外圆	ϕ10	6	IT13 超差不得分		
3		ϕ12	6	IT13 超差不得分		
4		ϕ6	8	IT13 超差不得分		
5	长度	105	5	IT13 超差不得分		
6		17	5	IT13 超差不得分		
7		8	5	IT13 超差不得分		
8	倒角	*C*1（2处）	2×3	m 超差不得分		
9		*C*0.5	3	m 超差不得分		
10	表面粗糙度	*Ra*3.2 μm（7处）	7×3	超差不得分		
11	设备及工、量、刃、夹具的使用维护	正确规范使用工、量、刃、夹具并进行合理保养及维护	10	不符合要求酌情扣1～10分		
12		正确规范使用设备，合理保养及维护设备		不符合要求酌情扣1～10分		
13		操作姿势、动作正确		不符合要求酌情扣1～10分		
14	安全与其他	按国家颁布的有关法规或企业制定的有关规定，安全文明生产	10	一项不符合要求扣2分，发生较大事故取消考核资格		
15		操作、工艺规范正确		一处不符合要求扣2分		
16		工作服正确穿戴		一处不符合要求扣2分		
17		工件各表面无缺陷		不符合要求扣1～8分		
18		按机械制造企业环保管理有关规定，环保处理		不符合要求扣1～10分		
总分			100			

6. 小型平口钳零件6——手柄螺母加工

（1）按照手柄螺母车削操作过程的提示，在实训场地完成手柄螺母的车削加工。

表1—3—13 手柄螺母车削操作过程

操作步骤	操作要点
1. 加工前准备工作	（1）按操作规程，加工零件前检查各电气设施，手柄、传动部位、防护、限位装置是否齐全可靠、灵活，然后完成机床润滑、预热等准备工作 （2）根据车间要求，合理放置毛坯料、刀具、量具、图样、工序卡等
2. 手柄螺母车削加工	（1）合理安装刀具 （2）合理装夹毛坯料 （3）根据手柄螺母车削加工工序卡，规范操作车床车削手柄螺母达到图样要求，及时合理做好在线检测工作 （4）根据检测表，合理检测车削完成的手柄螺母
3. 加工后整理工作	加工完毕后，正确放置零件，并进行产品交接确认；按照国家环保相关规定和车间要求，整理现场，正确处置废油液等废弃物；按车间规定填写交接班记录（见附表1）和设备日常保养记录卡（见附表2）

（2）加工完成后将加工过程中出现的问题记录下来，分析问题并写出改进措施。

（3）对车削加工完成的手柄螺母进行质量检测，并把检测结果填入表 1—3—14。

表 1—3—14　　手柄螺母车削工序检测表

序号	考核项目	考核内容及要求	配分 IT Ra	评分标准	检测结果 IT Ra	得分
1	螺纹	M5	20	超差不得分		
2	外圆	$\phi10$	10	IT13 超差不得分		
3		$\phi12$	10	IT13 超差不得分		
4	长度	17	4	IT13 超差不得分		
5		12	4	IT13 超差不得分		
6		10	4	IT13 超差不得分		
7	倒角	*C*1（2 处）	2×2	m 超差不得分		
8	表面粗糙度	*Ra*3.2 μm（6 处）	6×4	超差不得分		
9	设备及工、量、刃、夹具的使用维护	正确规范使用工、量、刃、夹具并进行合理保养及维护	10	不符合要求酌情扣 1～10 分		
10		正确规范使用设备，合理保养及维护设备		不符合要求酌情扣 1～10 分		
11		操作姿势、动作正确		不符合要求酌情扣 1～10 分		
12	安全与其他	按国家颁布的有关法规或企业制定的有关规定，安全文明生产	10	一项不符合要求扣 2 分，发生较大事故取消考核资格		
13		操作、工艺规范正确		一处不符合要求扣 2 分		
14		工作服正确穿戴		一处不符合要求扣 2 分		
15		工件各表面无缺陷		不符合要求扣 1～8 分		
16		按机械制造企业环保管理有关规定，环保处理		不符合要求扣 1～10 分		
总分			100			

7. 小型平口钳零件7——螺纹销加工

（1）按照螺纹销车削操作过程的提示，在实训场地完成螺纹销的车削加工。

表1—3—15 螺纹销车削操作过程

操作步骤	操作要点
1. 加工前准备工作	（1）按操作规程，加工零件前检查各电气设施，手柄、传动部位、防护、限位装置是否齐全可靠、灵活，然后完成机床润滑、预热等准备工作 （2）根据车间要求，合理放置毛坯料、刀具、量具、图样、工序卡等
2. 螺纹销车削加工	（1）合理安装刀具 （2）合理装夹毛坯料 （3）根据螺纹销车削加工工序卡，规范操作车床车削螺纹销达到图样要求，及时合理做好在线检测工作 （4）根据检测表，合理检测车削完成的螺纹销
3. 加工后整理工作	加工完毕后，正确放置零件，并进行产品交接确认；按照国家环保相关规定和车间要求，整理现场，正确处置废油液等废弃物；按车间规定填写交接班记录（见附表1）和设备日常保养记录卡（见附表2）

（2）加工完成后将加工过程中出现的问题记录下来，分析问题并写出改进措施。

（3）对车削加工完成的螺纹销进行质量检测，并把检测结果填入表1—3—16。

表1—3—16　　螺纹销车削工序检测表

序号	考核项目	考核内容及要求	配分 IT　Ra	评分标准	检测结果 IT　Ra	得分
1	螺纹	M4	25	超差不得分		
2	外圆	$\phi3$	15	IT13 超差不得分		
3	长度	5	5	IT13 超差不得分		
4		19.5	5	IT13 超差不得分		
5	倒角	*C*0.5（2 处）	2×3	m 超差不得分		
6		*C*0.3	3	m 超差不得分		
7	表面粗糙度	*Ra*3.2 μm（3 处）	3×5	超差不得分		
8		*Ra*6.3 μm（2 处）	2×3	超差不得分		
9	设备及工、量、刃、夹具的使用维护	正确规范使用工、量、刃、夹具并进行合理保养及维护	10	不符合要求酌情扣 1～10 分		
10		正确规范使用设备，合理保养及维护设备		不符合要求酌情扣 1～10 分		
11		操作姿势、动作正确		不符合要求酌情扣 1～10 分		
12	安全与其他	按国家颁布的有关法规或企业制定的有关规定，安全文明生产	10	一项不符合要求扣 2 分，发生较大事故取消考核资格		
13		操作、工艺规范正确		一处不符合要求扣 2 分		
14		工作服正确穿戴		一处不符合要求扣 2 分		
15		工件各表面无缺陷		不符合要求扣 1～8 分		
16		按机械制造企业环保管理有关规定，环保处理		不符合要求扣 1～10 分		
总分			100			

（4）根据螺纹销图样和工艺卡要求，车削完成后，要到钳加工车间加工下一道工序，叙述螺纹销的钳加工内容以及检验方法。

学习活动 4　小型平口钳装配及误差分析

学习目标

1. 能正确组装小型平口钳，分析装配过程中出现的技术问题并提出解决方法。

2. 能正确规范地检测小型平口钳的整体质量。

3. 能根据小型平口钳检测结果，分析误差产生的原因，并提出改进措施。

建议学时：4 学时。

学习过程

一、装配小型平口钳

1. 叙述小型平口钳的装配顺序。

2. 螺纹杆与支架组装后，螺纹杆旋转时半圈紧、半圈松是什么原因?

3. 组装后螺纹杆旋转很费力是什么原因？如何解决?

4. 组装后活动钳口与固定钳口无法贴合，或贴合时不平行是什么原因？如何解决?

5. 安装小型平口钳的过程中还遇到哪些技术问题？如何解决?

二、检测小型平口钳装配质量

对工件进行检测，并将结果填写在表1—4—1中。

表1—4—1　　　　小型平口钳检测表

序号	检测内容	检测方法	检测结果	结论
1	固定钳体与活动钳体贴合面积达75%			
2	小型平口钳有效行程达80 mm			
3	活动钳体能在固定钳体上滑动自如			
4	装配后活动钳体水平方向间隙			
5	装配后活动钳体垂直方向间隙			
6	表面质量			

三、误差分析

根据检测结果进行误差分析，将分析结果填写在表1—4—2中。

表1—4—2　　　　误差分析表

测量内容		零件名称	
测量工具和仪器		测量人员	
班　　级		日　　期	

一、测量目的

二、测量步骤

三、测量要领

续表

四、结论（误差分析）		
质量问题	产生原因	改进措施
外形尺寸误差		
形位误差		
表面粗糙度误差		
其他误差		

学习活动 5　工作总结与评价

学习目标

1. 能按分组情况，分别派代表展示工作成果，说明本次任务的完成情况，并作分析总结。

2. 能结合自身任务完成情况，正确规范撰写工作总结（心得体会）。

3. 能就本次任务中出现的问题提出改进措施。

4. 能对学习与工作进行反思总结，并能与他人开展良好合作，进行有效的沟通。

建议学时：4 学时。

学习过程

一、展示与评价

把个人制作好的小型平口钳先进行分组展示，再由小组推荐代表做必要的介绍。在展示过程中，以组为单位进行评价；评价完成后，根据其他组成员对本组展示成果的评价意见进行归纳总结。完成如下项目：

（1）展示的小型平口钳符合技术标准吗？

合格□　　不良□　　返修□　　报废□

（2）与其他组相比，本小组的小型平口钳工艺你认为：

工艺优化□　　工艺合理□　　工艺一般□

（3）本小组介绍成果表达是否清晰？

很好□　　一般，常补充□　　不清晰□

（4）本小组演示小型平口钳检测方法操作正确吗?

正确□　　部分正确□　　不正确□

（5）本小组演示操作时遵循了“6S”的工作要求吗?

符合工作要求□　　忽略了部分要求□　　完全没有遵循□

（6）本小组成员的团队创新精神如何?

良好□　　一般□　　不足□

二、自评总结（心得体会）

三、教师评价

1. 找出各组的优点点评。

2. 对任务完成过程中各组的缺点进行点评，提出改进的方法。

3. 对整个任务完成过程中出现的亮点和不足进行点评。

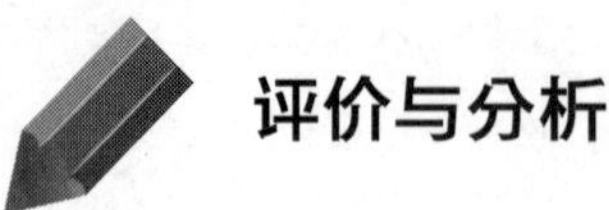

评价与分析

学习任务一评价表

班级________________ 学生姓名________________ 学号________________

项目	自我评价			小组评价			教师评价		
	10 ~ 9	8 ~ 6	5 ~ 1	10 ~ 9	8 ~ 6	5 ~ 1	10 ~ 9	8 ~ 6	5 ~ 1
	占总评 10%			占总评 30%			占总评 60%		
学习活动 1									
学习活动 2									
学习活动 3									
学习活动 4									
学习活动 5									
协作精神									
纪律观念									
表达能力									
工作态度									
拓展能力									
小计									
总评									

任课教师：________________ ______年____月____日

学习任务二　储物罐制作

学习目标

1. 能独立阅读生产任务单，正确分析储物罐零件图样，正确识读储物罐工艺卡，制定合理的工作进度计划。

2. 能根据零件图样，结合生产现场条件，查阅切削手册，确定零件车削和铣削加工步骤，正确规范地制定储物罐零件的车削和铣削加工工序卡。

3. 能根据储物罐图样工艺要求，正确规范地领取材料和工、量、刃、夹具。

4. 能根据操作提示，严格按照机床操作规程完成储物罐零件的加工，对加工完成的零件进行质量检测，并对加工中出现的问题提出改进措施。

5. 能按国家环保相关规定和安全文明生产要求整理现场，合理保养维护工、量、刃、夹具及设备，正确处置废油液等废弃物；能严格按照车间管理规定，正确规范地交接班和保养车床。

6. 能正确规范地选择和使用工、量具检测储物罐的整体质量，并根据检测结果，分析误差产生的原因，并提出改进措施。

7. 能主动获取有效信息，对学习与工作进行反思总结，并能与他人开展良好合作，进行有效的沟通。

建议学时

80 学时。

工作情景描述

某日用品制作协会设计了一种新型储物罐，委托我单位加工制造，数量为 30 套，工期为 15 天，客户提供样件、图样和材料。现生产部门安排我机械加工组完成此任务。

工作流程与活动

1. 储物罐加工任务分析（16 学时）
2. 储物罐加工工序编制（14 学时）
3. 储物罐加工（40 学时）
4. 储物罐装配及误差分析（6 学时）
5. 工作总结与评价（4 学时）

学习活动1　储物罐加工任务分析

学习目标

1. 能独立阅读生产任务单，明确产品名称、材料、数量和工期等要求，叙述储物罐的特点、种类和制作材料。

2. 能正确分析储物罐零件图样，明确结构特点、表面粗糙度、几何公差等加工要求。

3. 能根据图样要求，正确识读储物罐工艺卡，明确加工所需的工、量、刃、夹具。

4. 能查阅参考资料，叙述分度头的原理、功能和型号及分度方法。

5. 能依据任务要求，制定合理的工作进度计划。

建议学时：16学时。

学习过程

领取储物罐的生产任务单、零件图样和工艺卡，明确本次加工任务的内容。

一、阅读生产任务单

表2—1—1　　生产任务单

需方单位名称				完成日期	年　月　日
序号	产品名称	材料	数量	技术标准、质量要求	
1	储物罐	LY12	30套	按图样要求	

续表

<table>
<tr><td>序号</td><td>产品名称</td><td>材料</td><td>数量</td><td colspan="3">技术标准、质量要求</td></tr>
<tr><td>2</td><td></td><td></td><td></td><td colspan="3"></td></tr>
<tr><td>3</td><td></td><td></td><td></td><td colspan="3"></td></tr>
<tr><td>4</td><td></td><td></td><td></td><td colspan="3"></td></tr>
<tr><td colspan="2">生产批准时间</td><td>年　月　日</td><td>批准人</td><td></td><td></td><td></td></tr>
<tr><td colspan="2">通知任务时间</td><td>年　月　日</td><td>发单人</td><td></td><td></td><td></td></tr>
<tr><td colspan="2">接单时间</td><td>年　月　日</td><td>接单人</td><td></td><td>生产班组</td><td>机械加工组</td></tr>
</table>

叙述储物罐的特点、常用储物罐的种类和制作材料。

图 2—1—1　各种类型的储物罐

（1）特点

（2）种类

（3）制作材料

二、分析零件图样

1．分析储物罐装配图

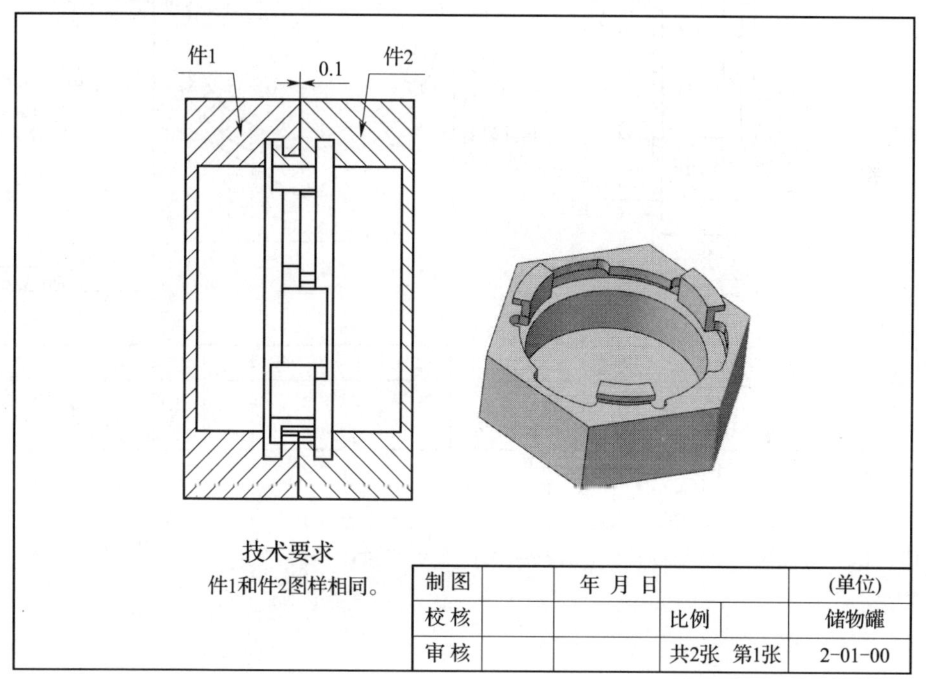

图 2—1—2　储物罐装配图样

储物罐零件 1 和零件 2 装配后，装配尺寸有哪些?

2. 分析储物罐零件图

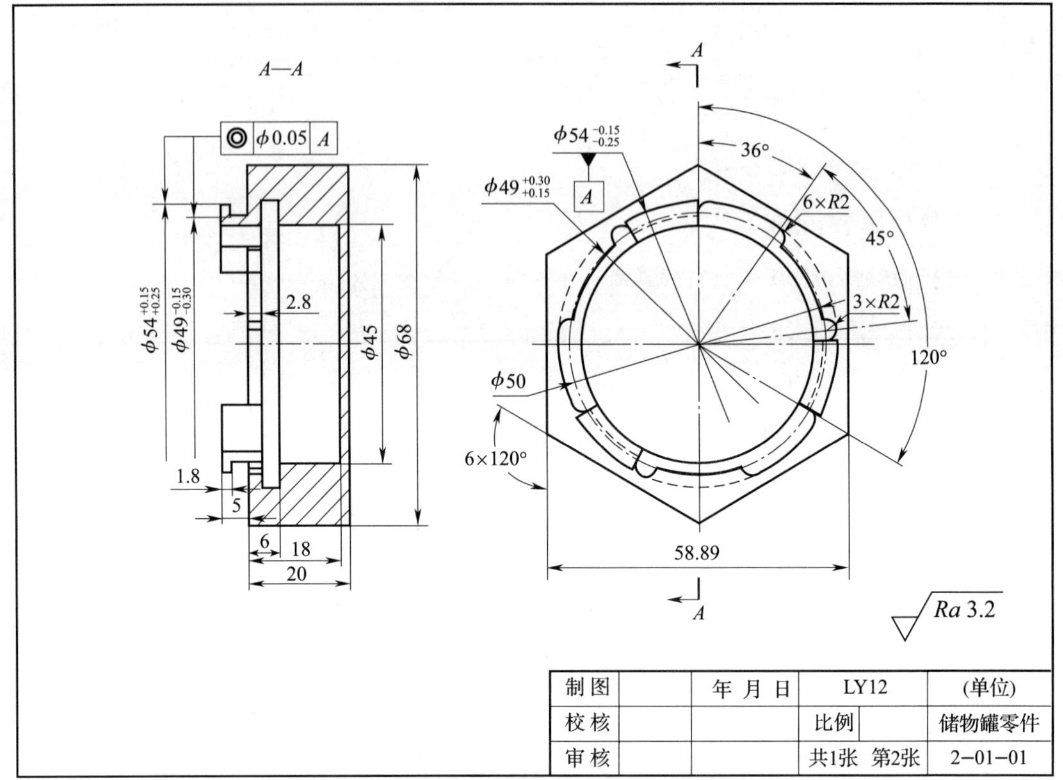

图 2—1—3 储物罐零件图样

（1）根据储物罐零件图样，叙述储物罐的结构组成。

（2）列出储物罐零件图样中可以用普通车床或数控车床加工的部分，并画出示意图进行表达。

（3）列出储物罐零件图样中可以用普通铣床或数控铣床加工的部分，并画出示意图进行表达。

（4）储物罐零件图样左视图使用什么制图方法表达？为什么要采用这样的画法？

（5）列出储物罐零件图样中的几何公差。加工时应该采取哪些加工措施保证这些几何公差？

（6）储物罐零件图样上有内、外两个环形沟槽，这两个沟槽的基本尺寸相同，但极限偏差不同，为什么?

（7）储物罐零件图样的主视图上有两圈间断虚线，列出这两圈虚线的尺寸。

（8）根据储物罐零件图样可知，储物罐是用 LY12 材料制造的。查阅参考资料，叙述 LY12 材料牌号的含义及其机械加工性能。

三、识读工艺卡

表 2—1—2　　储物罐工艺卡

<table>
<tr><td rowspan="2">单位名称</td><td rowspan="2"></td><td colspan="2">产品名称</td><td colspan="2">储物罐</td><td>图号</td><td>2－01－01</td></tr>
<tr><td colspan="2">零件名称</td><td>储物罐零件</td><td>数量</td><td>60</td><td>第 1 页</td></tr>
<tr><td>材料种类</td><td>铝</td><td>材料牌号</td><td>LY12</td><td>毛坯尺寸</td><td colspan="2">ϕ70 mm×30 mm</td><td>共 1 页</td></tr>
</table>

<table>
<tr><td rowspan="2">工序号</td><td rowspan="2">工序内容</td><td rowspan="2">车间</td><td rowspan="2">设备</td><td colspan="3">工具</td><td rowspan="2">计划工时</td><td rowspan="2">实际工时</td></tr>
<tr><td>夹具</td><td>量具</td><td>刃具</td></tr>
<tr><td>01</td><td>下料 ϕ70 mm×30 mm</td><td>金</td><td>锯床</td><td>机用平口钳</td><td>钢直尺</td><td>锯条</td><td>20 min</td><td></td></tr>
<tr><td>10</td><td>车削储物罐</td><td>车</td><td>CA6140</td><td>三爪自定心卡盘</td><td>游标卡尺
千分尺</td><td>外圆车刀
内孔车刀
麻花钻
内沟槽车刀</td><td>45 min</td><td></td></tr>
<tr><td>20</td><td>铣削储物罐</td><td>铣</td><td>X5032</td><td>分度头</td><td>游标卡尺
千分尺</td><td>铣刀</td><td>40 min</td><td></td></tr>
<tr><td>30</td><td>检验</td><td>检验室</td><td></td><td></td><td>游标卡尺
千分尺
检验样板</td><td></td><td>10 min</td><td></td></tr>
</table>

更改号		拟定	校正	审核	批准
更改者					
日期					

1．从工艺卡中可以看出，储物罐的加工共分 4 个工序，为了保证车削余量，领取材料时，在 10 工序车削储物罐之前必须要做什么工作？其目的是什么？

2．结合工艺卡和所学知识，工序 10 车削储物罐，拟将采用数控车床车削加工，还是普通车床车削加工？叙述这两种方法加工储物罐的优缺点。

3．结合工艺卡记录的刃具，完成下面内容。

（1）根据储物罐图样，绘出所选择的内孔车刀的几何形状。

（2）根据储物罐图样，叙述所选择的麻花钻的类型及目的。

（3）根据储物罐图样，绘出所选择的内沟槽车刀的几何形状。

4. 结合工艺卡记录的夹具，完成下面内容。

（1）叙述分度头的原理和功用。

（2）图 2—1—4 中，图____是万能分度头，图____是半万能分度头，两者之间的区别是____，万能分度头型号的前两位字母是________，半万能分度头型号的前两位字母是________。

a)　　b)

图 2—1—4　分度头

（3）FW125 型万能分度头型号中的 125 的含义是：____________________，其传动比为________，也就是分度头内部的________和________的传动比，也叫做分度头的________。

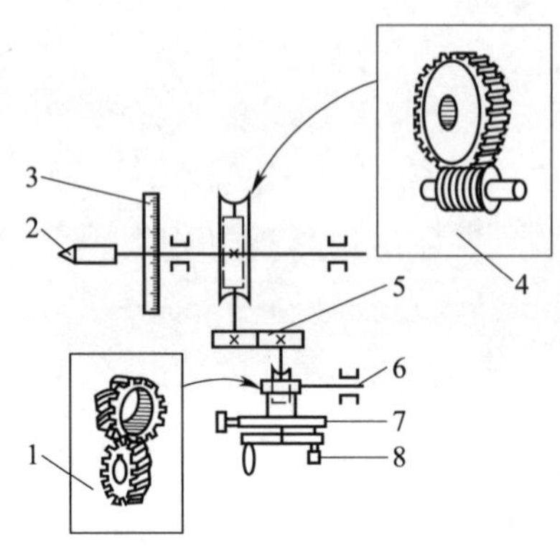

图 2—1—5　万能分度头的传动原理

1—锥齿轮传动副　2—三爪自定心卡盘　3—刻度盘　4—蜗轮蜗杆传动副

5—1∶1 圆柱直齿轮传动副　6—侧轴　7—分度盘　8—定位插销

（4）在下图中写出万能分度头各部分结构的名称。

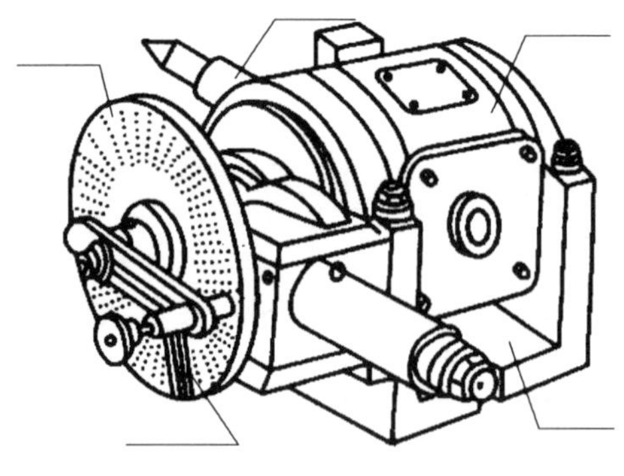

图 2—1—6　万能分度头

（5）分度方法有简单分度法、________分度法、________分度法、________分度法和________________分度法等多种，其中简单分度法也叫________分度法，是最常用的分度方法之一。

（6）简单分度法的计算公式是____________，公式中零件的等分数用字母____表示，分度手柄的转数用字母____表示。角度分度法的计算公式是____________，公式中零件需转过的角度用字母____表示，分度手柄的转数用字母____表示。

（7）分度头的扳转角度是____度至____度。

（8）分度板上能被 3 整除的孔圈数有____________、____________。

5. 结合工艺卡记录的量具，绘制检验样板图样。

6. 根据图样与工艺分析，在表 2—1—3 中列出加工储物罐所使用的刀具、夹具及量具的名称、型号规格和用途。

表 2—1—3　　加工储物罐的刀具、夹具及量具

类别	名称	型号规格	用途
刀具			
夹具			
量具			

四、制定工作进度计划

本生产任务工期为 15 天，依据任务要求，制定合理的工作进度计划，并根据小组成员的特点进行分工。

表 2—1—4　　　　工作进度安排及分工

序号	工作内容	时间	成员	负责人

学习活动 2　储物罐加工工序编制

学习目标

1. 能根据零件图样，结合加工图例，确定储物罐零件车削和铣削加工步骤。

2. 能根据加工步骤，结合生产现场条件，查阅切削手册，正确规范地制定储物罐零件的车削和铣削加工工序卡。

建议学时：14 学时。

学习过程

一、制定储物罐车削加工工序卡

1. 在表 2—2—1 中，结合储物罐车削加工步骤和图例填写操作内容。

表 2—2—1　　　储物罐车削加工步骤

操作步骤	图例	主要夹、量、刃具
1. 用三爪自定心卡盘装夹并找正零件，零件伸出卡盘卡爪端面 25 mm；车端面，并用______钻孔		卡盘扳手 刀架扳手 外圆车刀 麻花钻
2. 用内孔车刀粗车 $\phi45$ mm 内孔，并留____ mm 余量		内孔车刀 游标卡尺

续表

操作步骤	图例	主要夹、量、刃具
3. 用外圆车刀粗车 ϕ68 mm 和 ϕ54 mm 外圆，两级外圆各留________mm 余量		外圆车刀 游标卡尺
4. 用外圆车刀精车 ϕ68mm、ϕ54 mm 外圆至尺寸要求		外圆车刀 千分尺
5. 用内孔车刀精车 ϕ45 mm 内孔至尺寸要求		内孔车刀 游标卡尺
6. 用内沟槽车刀粗、精车 ϕ54 mm 内沟槽，保证尺寸________mm 和________mm		内沟槽车刀 游标卡尺
7. 用外沟槽车刀粗、精车 ϕ49 mm 外沟槽，保证尺寸________mm		外沟槽车刀 游标卡尺
8. 倒角________并检验储物罐		外圆车刀 游标卡尺 千分尺
9. 调头垫铜皮装夹，车端面，定总长________mm，倒角________		外圆车刀 游标卡尺

2. 根据储物罐工艺卡工序 10 和加工步骤，制定储物罐车削加工工序卡，并把储物罐完成图样绘制到工序卡片的空白处。

表 2—2—2　　储物罐车削加工工序卡

<table>
<tr><td colspan="2" rowspan="2">储物罐工序卡片</td><td>产品型号</td><td colspan="2"></td><td>零件图号</td><td colspan="2"></td><td></td><td></td></tr>
<tr><td>产品名称</td><td colspan="2"></td><td>零件名称</td><td colspan="2"></td><td>共　页</td><td>第　页</td></tr>
<tr><td colspan="2" rowspan="11"></td><td colspan="2">车间</td><td colspan="2">工序号</td><td colspan="2">工序名称</td><td colspan="2">材料牌号</td></tr>
<tr><td colspan="2"></td><td colspan="2"></td><td colspan="2"></td><td colspan="2"></td></tr>
<tr><td colspan="2">毛坯种类</td><td colspan="2">毛坯外形尺寸</td><td colspan="2">每毛坯可制件数</td><td colspan="2">每台件数</td></tr>
<tr><td colspan="2"></td><td colspan="2"></td><td colspan="2"></td><td colspan="2"></td></tr>
<tr><td colspan="2">设备名称</td><td colspan="2">设备型号</td><td colspan="2">设备编号</td><td colspan="2">同时加工件数</td></tr>
<tr><td colspan="2"></td><td colspan="2"></td><td colspan="2"></td><td colspan="2"></td></tr>
<tr><td colspan="3">夹具编号</td><td colspan="2">夹具名称</td><td colspan="3">切削液</td></tr>
<tr><td colspan="3"></td><td colspan="2"></td><td colspan="3"></td></tr>
<tr><td colspan="2" rowspan="2">工位器具编号</td><td colspan="2" rowspan="2">工位器具名称</td><td colspan="4">工序工时（min）</td></tr>
<tr><td colspan="2">准终</td><td colspan="2">单件</td></tr>
<tr><td colspan="2"></td><td colspan="2"></td><td colspan="2"></td><td colspan="2"></td></tr>
<tr><td rowspan="2">工步号</td><td rowspan="2">工步内容</td><td rowspan="2">工艺装备</td><td rowspan="2">主轴转速 r/min</td><td rowspan="2">切削速度 m/min</td><td rowspan="2">进给量 mm/r</td><td rowspan="2">切削深度 mm</td><td rowspan="2">进给次数</td><td colspan="2">工步工时（s）</td></tr>
<tr><td>机动</td><td>辅助</td></tr>
<tr><td></td><td></td><td></td><td></td><td></td><td></td><td></td><td></td><td></td><td></td></tr>
<tr><td></td><td></td><td></td><td></td><td></td><td></td><td></td><td></td><td></td><td></td></tr>
<tr><td></td><td></td><td></td><td></td><td></td><td></td><td></td><td></td><td></td><td></td></tr>
<tr><td></td><td></td><td></td><td></td><td></td><td></td><td></td><td></td><td></td><td></td></tr>
</table>

续表

工步号	工步内容	工艺装备	主轴转速 r/min	切削速度 m/min	进给量 mm/r	切削深度 mm	进给次数	工步工时（s）	
								机动	辅助

	设计（日期）	校对（日期）	审核（日期）	标准化（日期）	会签（日期）

二、制定储物罐铣削加工工序卡

1. 使用分度头分度时，如果计算结果不是整数而是分数时，该如何分度?

2. 查阅参考资料，依据分度头的工作原理，计算储物罐的铣削分度结果。

3. 在表2—2—3中，结合储物罐铣削加工步骤和图例填写操作内容。

表2—2—3 储物罐铣削加工步骤

操作步骤	图例	主要夹、量、刃具
1. 将万能分度头安装在铣床工作台上，并将分度头的主轴扬起，与______轴线平行		通用扳手 卡盘扳手 FW100型万能分度头
2. 在铣床主轴上安装一支直径为______ mm的立铣刀		勾头扳手 弹簧夹头 4 mm立铣刀

续表

操作步骤	图例	主要夹、量、刃具
3. 零件装在 FW100 型分度头的______内，因零件直径较大，应采用______装夹。为防止夹伤零件，应在卡爪与零件圆柱面之间______	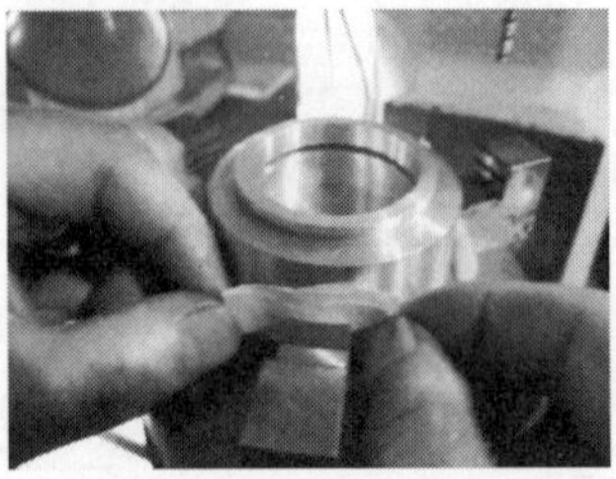	卡盘扳手 FW100 型万能分度头
4. 用百分表校正零件，触头与零件内孔壁接触，跳动量允许在______ mm 以内		0 ~ 10 mm 百分表 磁力表座
5. 贴纸对刀 将纸片用______黏贴在零件端面上，再把零件贴纸的位置移动至铣刀正下方，上升工作台使贴纸位置离铣刀端面刀刃约______ mm，启动铣床主轴，缓慢上升工作台，当铣刀与贴纸接触（纸被划破或推动），记下______手柄的刻度	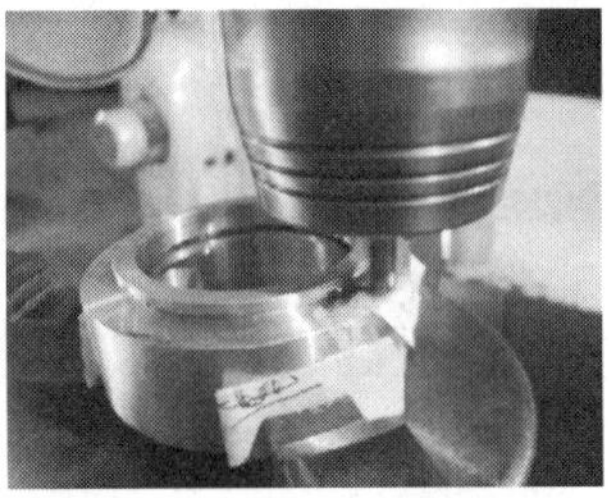 	4 mm 立铣刀 FW100 型万能分度头
6. 采用上述方法继续在零件圆柱面上对刀，然后将铣刀移动到零件中心并偏让一个________（4 mm）的距离		4 mm 立铣刀 FW100 型万能分度头

续表

操作步骤	图例	主要夹、量、刃具
7. 调整分度头 因为分度计算结果分别为$13\frac{1}{3}$、$3\frac{1}{3}$和$6\frac{2}{3}$，应选用孔数为____的孔圈，调整分度叉，把这个孔圈____等分，每等分应为____个孔，分度叉斜面内包含______个孔		FW100 型万能分度头
8. 在零件上铣出 3 条等分槽，槽深______ mm，注意铣刀端面刀刃不能铣伤零件底平面		4 mm 立铣刀 FW100 型万能分度头
9. 铣床工作台沿纵向移动______ mm，再横向切入零件，使铣刀中心距离零件中心______ mm，然后把零件转动____°，铣出一段装配圆弧		4 mm 立铣刀 FW100 型万能分度头
10. 横向退刀______ mm，再转动零件____°，铣出与装配圆弧相邻的限位圆弧		4 mm 立铣刀 FW100 型万能分度头
11. 用同样的方法铣出另外两段圆弧，半径控制为______ mm		4 mm 立铣刀 FW100 型万能分度头

续表

操作步骤	图例	主要夹、量、刃具
12. 把零件组装在一起用一夹一顶的方法装夹，采用端铣刀粗铣________		端铣刀 FW100 型万能分度头
13. 精铣六方，控制对边尺寸为______ mm		端铣刀 FW100 型万能分度头
14. 加工完成的储物罐		

3. 根据储物罐工艺卡工序 20 和加工步骤，制定储物罐铣削加工工序卡，并把储物罐完成图样绘制到工序卡片的空白处。

表 2—2—4　　　　储物罐铣削加工工序卡

<table>
<tr><td rowspan="2">储物罐工序卡片</td><td colspan="2">产品型号</td><td colspan="2"></td><td colspan="2">零件图号</td><td colspan="2"></td><td colspan="2"></td><td colspan="2"></td></tr>
<tr><td colspan="2">产品名称</td><td colspan="2"></td><td colspan="2">零件名称</td><td colspan="2"></td><td colspan="2">共　页</td><td colspan="2">第　页</td></tr>
<tr><td rowspan="11"></td><td colspan="3">车间</td><td colspan="3">工序号</td><td colspan="3">工序名称</td><td colspan="3">材料牌号</td></tr>
<tr><td colspan="3"></td><td colspan="3"></td><td colspan="3"></td><td colspan="3"></td></tr>
<tr><td colspan="3">毛坯种类</td><td colspan="3">毛坯外形尺寸</td><td colspan="3">每毛坯可制件数</td><td colspan="3">每台件数</td></tr>
<tr><td colspan="3"></td><td colspan="3"></td><td colspan="3"></td><td colspan="3"></td></tr>
<tr><td colspan="3">设备名称</td><td colspan="3">设备型号</td><td colspan="3">设备编号</td><td colspan="3">同时加工件数</td></tr>
<tr><td colspan="3"></td><td colspan="3"></td><td colspan="3"></td><td colspan="3"></td></tr>
<tr><td colspan="4">夹具编号</td><td colspan="4">夹具名称</td><td colspan="4">切削液</td></tr>
<tr><td colspan="4"></td><td colspan="4"></td><td colspan="4"></td></tr>
<tr><td colspan="3" rowspan="2">工位器具编号</td><td colspan="3" rowspan="2">工位器具名称</td><td colspan="6">工序工时（min）</td></tr>
<tr><td colspan="3">准终</td><td colspan="3">单件</td></tr>
<tr><td colspan="3"></td><td colspan="3"></td><td colspan="3"></td><td colspan="3"></td></tr>
</table>

续表

工步号	工步内容	工艺装备	主轴转速 r/min	切削速度 m/min	进给量 mm/r	切削深度 mm	进给次数	工步工时（s）	
								机动	辅助

	设计（日期）	校对（日期）	审核（日期）	标准化（日期）	会签（日期）

学习活动3　储物罐加工

学习目标

1. 能根据储物罐图样要求，到材料库正确规范地领取材料。

2. 能根据储物罐图样工艺要求，到工具库正确规范地领取工、量、刃、夹具。

3. 能根据储物罐图样要求，合理刃磨内沟槽车刀和外沟槽车刀。

4. 能根据操作提示，严格按照机床操作规程完成储物罐零件的加工，对加工完成的零件进行质量检测，并对加工中出现的问题提出改进措施。

5. 能按国家环保相关规定和安全文明生产要求整理现场，合理保养维护工、量、刃、夹具及设备，正确处置废油液等废弃物；能严格按照车间管理规定，正确规范地交接班和保养车床。

建议学时：40学时。

学习过程

一、填写领料单并领取材料

表 2—3—1　　领料单

<table>
<tr><td colspan="2">领料部门</td><td colspan="2"></td><td colspan="2">产品名称及数量</td><td colspan="2"></td></tr>
<tr><td colspan="2">领料单号</td><td colspan="2"></td><td colspan="2">零件名称及数量</td><td colspan="2"></td></tr>
<tr><td rowspan="2">材料名称</td><td rowspan="2">材料规格及型号</td><td rowspan="2">单位</td><td colspan="2">数量</td><td rowspan="2">单价</td><td rowspan="2">总价</td></tr>
<tr><td>请领</td><td>实发</td></tr>
<tr><td></td><td></td><td></td><td></td><td></td><td></td><td></td></tr>
<tr><td>材料用途说明</td><td>材料仓库</td><td>主管</td><td>发料数量</td><td>领料部门</td><td>主管</td><td>领料数量</td></tr>
<tr><td></td><td></td><td></td><td></td><td></td><td></td><td></td></tr>
</table>

二、汇总工、量、刃、夹具清单并领取工、量、刃、夹具

表 2—3—2　　工、量、刃、夹具清单

序号	名称	型号规格	数量	需领用数量

续表

序号	名称	型号规格	数量	需领用数量

三、刃磨车刀

根据储物罐图样要求，合理刃磨内沟槽车刀和外沟槽车刀，并叙述两者在几何形状上的区别。

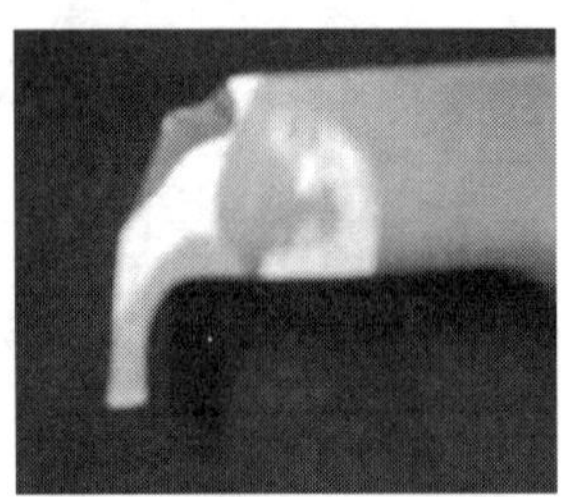

图 2—3—1　内沟槽车刀

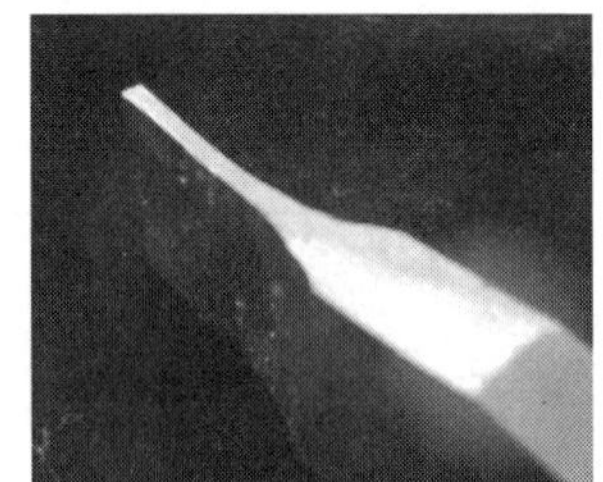

图 2—3—2　外沟槽车刀

四、完成储物罐车削加工和质量检测

1. 按照储物罐车削操作过程的提示，在实训场地完成储物罐的车削加工。

表 2—3—3　　储物罐车削操作过程

操作步骤	操作要点
1. 加工前准备工作	（1）按操作规程，加工零件前检查各电气设施，手柄、传动部位、防护、限位装置是否齐全可靠、灵活，然后完成机床润滑、预热等准备工作 （2）根据车间要求，合理放置毛坯料、刀具、量具、图样、工序卡等
2. 储物罐车削加工	（1）合理安装刀具 （2）合理装夹毛坯料 （3）根据储物罐车削加工工序卡，规范操作车床车削储物罐达到图样要求，及时合理做好在线检测工作 （4）根据检测表，合理检测车削完成的储物罐
3. 加工后整理工作	加工完毕后，正确放置零件，并进行产品交接确认；按照国家环保相关规定和车间要求，整理现场，正确处置废油液等废弃物；按车间规定填写交接班记录（见附表 1）和设备日常保养记录卡（见附表 2）

2. 加工完成后将加工过程中出现的问题记录下来，分析问题并写出改进措施。

3. 对车削完成的储物罐进行质量检测，并把检测结果填入表 2—3—4。

表 2—3—4　　储物罐车削工序现场检测表

<table>
<tr><th>序号</th><th>考核项目</th><th>考核内容及要求</th><th>配分
IT Ra</th><th>评分标准</th><th>检测结果
IT Ra</th><th>得分</th></tr>
<tr><td>1</td><td rowspan="3">外圆</td><td>$\phi68$</td><td>3</td><td>IT14 超差不得分</td><td></td><td></td></tr>
<tr><td>2</td><td>$\phi49^{-0.15}_{-0.30}$</td><td>5</td><td>超差不得分</td><td></td><td></td></tr>
<tr><td>3</td><td>$\phi54^{-0.15}_{-0.25}$</td><td>5</td><td>超差不得分</td><td></td><td></td></tr>
<tr><td>4</td><td rowspan="2">内孔</td><td>$\phi54^{+0.25}_{+0.15}$</td><td>5</td><td>超差不得分</td><td></td><td></td></tr>
<tr><td>5</td><td>$\phi45$</td><td>3</td><td>IT14 超差不得分</td><td></td><td></td></tr>
<tr><td>6</td><td rowspan="5">长度</td><td>25</td><td>3</td><td>IT14 超差不得分</td><td></td><td></td></tr>
<tr><td>7</td><td>18</td><td>3</td><td>IT14 超差不得分</td><td></td><td></td></tr>
<tr><td>8</td><td>5</td><td>3</td><td>IT14 超差不得分</td><td></td><td></td></tr>
<tr><td rowspan="2">9</td><td>6</td><td>3</td><td>IT14 超差不得分</td><td></td><td></td></tr>
<tr><td>1.8</td><td>3</td><td>IT14 超差不得分</td><td></td><td></td></tr>
<tr><td>10</td><td>形位精度</td><td>◎ | $\phi0.05$ | A</td><td>8</td><td>超差不得分</td><td></td><td></td></tr>
<tr><td>11</td><td>表面粗糙度</td><td>Ra3.2 μm（12 处）</td><td>12×3</td><td>超差不得分</td><td></td><td></td></tr>
<tr><td>12</td><td rowspan="3">设备及工、量、刃、夹具的使用维护</td><td>正确规范使用工、量、刃、夹具并进行合理保养及维护</td><td rowspan="3">10</td><td>不符合要求酌情扣 1～10 分</td><td></td><td></td></tr>
<tr><td>13</td><td>正确规范使用设备，合理保养及维护设备</td><td>不符合要求酌情扣 1～10 分</td><td></td><td></td></tr>
<tr><td>14</td><td>操作姿势、动作正确</td><td>不符合要求酌情扣 1～10 分</td><td></td><td></td></tr>
<tr><td>15</td><td>安全与其他</td><td>按国家颁布的有关法规或企业制定的有关规定，安全文明生产</td><td>10</td><td>一项不符合要求扣 2 分，发生较大事故取消考核资格</td><td></td><td></td></tr>
</table>

续表

序号	考核项目	考核内容及要求	配分 IT Ra	评分标准	检测结果 IT Ra	得分
16	安全与其他	操作、工艺规范正确	10	一处不符合要求扣 2 分		
17		工作服正确穿戴		一处不符合要求扣 2 分		
18		工件各表面无缺陷		不符合要求扣 1 ~ 8 分		
19		按机械制造企业环保管理有关规定，环保处理		不符合要求扣 1 ~ 10 分		
总分			100			

五、完成储物罐铣削加工

1．按照储物罐铣削操作过程的提示，在实训场地完成储物罐的铣削加工。

表 2—3—5　　储物罐铣削操作过程

操作步骤	操作要点
1．加工前准备工作	（1）按操作规程，加工零件前检查各电气设施，手柄、传动部位、防护、限位装置是否齐全可靠、灵活，然后完成机床润滑、预热等准备工作 （2）根据车间要求，合理放置毛坯料、刀具、量具、图样、工序卡等
2．储物罐铣削加工	（1）合理安装铣刀 （2）合理调整分度头 （3）合理装夹工件 （4）根据储物罐铣削加工工序卡，规范操作铣床铣削储物罐达到图样要求，及时合理做好在线检测工作
3．加工后整理工作	加工完毕后，按照图样要求进行自检，正确放置零件，并进行产品交接确认；按照国家环保相关规定和车间要求，整理现场，正确处置废油液等废弃物；按车间规定填写交接班记录（见附表 1）和设备日常保养记录卡（见附表 2）

2. 加工完成后将加工过程中出现的问题记录下来，分析问题并写出改进措施。

3. 若零件安装在分度头前端的卡盘上出现跳动，该如何校正?

4. 铣削装配圆弧时，分度头转动方向不同将分别出现什么结果?

5. 铣削时，分度头锁紧和没有锁紧结果有什么不同?

学习活动 4　储物罐装配及误差分析

学习目标

1. 能正确规范地组装储物罐。

2. 能正确规范地检测储物罐的整体质量。

3. 能根据储物罐检测结果，分析误差产生的原因，并提出改进措施。

建议学时：6 学时。

学习过程

一、检测储物罐质量

对工件进行检测，并将结果填写在表 2—4—1 中。

表 2—4—1　　储物罐检测表

序号	考核项目	考核内容及要求	配分	评分标准	检测结果	得分
1	外圆	$\phi 68$	2	IT14 超差不得分		
2		$\phi 49^{-0.15}_{-0.30}$	3	超差不得分		
3		$\phi 54^{-0.15}_{-0.25}$	3	超差不得分		
4	内孔	$\phi 49^{+0.30}_{+0.15}$	3	超差不得分		
5		$\phi 54^{+0.25}_{+0.15}$	3	超差不得分		
6		$\phi 45$	2	IT14 超差不得分		
7	长度	58. 89（3 处）	3×2	IT14 超差不得分		
8		25	1	IT14 超差不得分		
9		18	1	IT14 超差不得分		

续表

序号	考核项目	考核内容及要求	配分	评分标准	检测结果	得分
10	长度	5	1	IT14 超差不得分		
11		6	1	IT14 超差不得分		
12		1.8	1	IT14 超差不得分		
13		2.8	1	IT14 超差不得分		
14	角度	120°（9 处）	9×1	m 超差不得分		
15		36°（3 处）	3×1	m 超差不得分		
16		45°（3 处）	3×1	m 超差不得分		
17	过渡圆弧	*R*2（6 处）	6×1	m 超差不得分		
18		*R*2（3 处）	3×2	m 超差不得分		
19	形位精度	◎ ϕ0.05 *A*	4	超差不得分		
20	表面粗糙度	*Ra*3.2 μm（17 处）	17×1	超差不得分		
21	配合尺寸	0.1	4	超差不得分		
22	设备及工、量、刃、夹具的使用维护	正确规范使用工、量、刃、夹具并进行合理保养及维护	10	不符合要求酌情扣 1～10 分		
23		正确规范使用设备，合理保养及维护设备		不符合要求酌情扣 1～10 分		
24		操作姿势、动作正确		不符合要求酌情扣 1～10 分		
25	安全与其他	按国家颁布的有关法规或企业制定的有关规定，安全文明生产	10	一项不符合要求扣 2 分，发生较大事故取消考核资格		
26		操作、工艺规范正确		一处不符合要求扣 2 分		
27		工作服正确穿戴		一处不符合要求扣 2 分		
28		工件各表面无缺陷		不符合要求扣 1～8 分		
29		按机械制造企业环保管理有关规定，环保处理		不符合要求扣 1～10 分		
总分			100			

二、误差分析

根据检测结果进行误差分析，将分析结果填写在表 2—4—2 中。

表 2—4—2　误差分析表

测量内容		零件名称	
测量工具和仪器		测量人员	
班　　级		日　　期	

一、测量目的

二、测量步骤

三、测量要领

四、结论（误差分析）

质量问题	产生原因	改进措施
外形尺寸误差		
形位误差		
表面粗糙度误差		
其他误差		

三、拓展学习

1. 储物罐六方的角度除了用游标万能角度尺测量外，还能用其他的方法测量吗?

2. 除了分度头，还可以用什么夹具进行装夹加工?

3. 如果是大批量生产，应采用什么样的生产方式?

4. 列出机加工铝材零件去除毛刺的方法。

5. 若储物罐要进行表面装饰处理，应选择什么工艺？

学习活动5 工作总结与评价

学习目标

1. 能按分组情况，分别派代表展示工作成果，说明本次任务的完成情况，并作分析总结。

2. 能结合自身任务完成情况，正确规范撰写工作总结（心得体会）。

3. 能就本次任务中出现的问题提出改进措施。

4. 能对学习与工作进行反思总结，并能与他人开展良好合作，进行有效的沟通。

建议学时：4学时。

学习过程

一、展示与评价

把个人制作好的储物罐先进行分组展示，再由小组推荐代表做必要的介绍。在展示过程中，以组为单位进行评价；评价完成后，根据其他组成员对本组展示成果的评价意见进行归纳总结。完成如下项目：

（1）展示的储物罐符合技术标准吗？

合格□　不良□　返修□　报废□

（2）与其他组相比，本小组的储物罐工艺你认为：

工艺优化□　工艺合理□　工艺一般□

（3）本小组介绍成果表达是否清晰？

很好□　　一般，常补充□　　不清晰□

(4) 本小组演示储物罐检测方法操作正确吗?

正确□　　部分正确□　　不正确□

(5) 本小组演示操作时遵循了“6S”的工作要求吗?

符合工作要求□　　忽略了部分要求□　　完全没有遵循□

(6) 本小组成员的团队创新精神如何?

良好□　　一般□　　不足□

二、自评总结（心得体会）

三、教师评价

1. 找出各组的优点点评。
2. 对任务完成过程中各组的缺点进行点评，提出改进的方法。
3. 对整个任务完成过程中出现的亮点和不足进行点评。

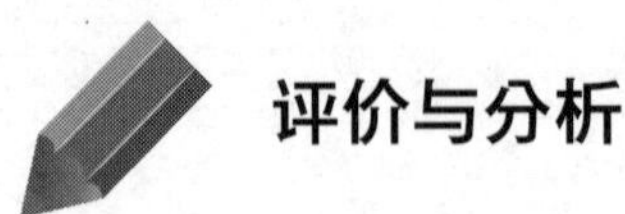

评价与分析

学习任务二评价表

班级＿＿＿＿＿＿ 学生姓名＿＿＿＿＿＿ 学号＿＿＿＿＿＿

项目	自我评价			小组评价			教师评价		
	10～9	8～6	5～1	10～9	8～6	5～1	10～9	8～6	5～1
	占总评 10%			占总评 30%			占总评 60%		
学习活动 1									
学习活动 2									
学习活动 3									
学习活动 4									
学习活动 5									
协作精神									
纪律观念									
表达能力									
工作态度									
拓展能力									
小计									
总评									

任课教师：＿＿＿＿＿＿　　　　＿＿年＿＿月＿＿日

学习任务三　螺旋式组合哑铃制作

学习目标

1. 能独立阅读生产任务单，正确分析螺旋式组合哑铃零件图样，正确识读螺旋式组合哑铃工艺卡，制定合理的工作进度计划。

2. 能根据零件图样，结合生产现场条件，查阅切削手册，确定零件车削加工步骤，正确规范地制定螺旋式组合哑铃零件的车削加工工序卡。

3. 能根据螺旋式组合哑铃图样工艺要求，正确规范地领取材料和工、量、刃、夹具。

4. 能根据操作提示，严格按照机床操作规程完成螺旋式组合哑铃零件的加工，对加工完成的零件进行质量检测，并对加工中出现的问题提出改进措施。

5. 能按国家环保相关规定和安全文明生产要求整理现场，合理保养维护工、量、刃、夹具及设备，正确处置废油液等废弃物；能严格按照车间管理规定，正确规范地交接班和保养车床。

6. 能正确规范地选择和使用工、量具检测螺旋式组合哑铃的整体质量，并根据检测结果，分析误差产生的原因，并提出改进措施。

7. 能主动获取有效信息，对学习与工作进行反思总结，并能与他人开展良好合作，进行有效的沟通。

建议学时

60 学时。

工作情景描述

某单位业务部门接到一批螺旋式组合哑铃体育器材的订单，数量为 30 套，工期为 15

天，客户提供样件、图样和材料。现生产部门安排我机械加工组完成此加工任务。

工作流程与活动

1. 螺旋式组合哑铃加工任务分析（12 学时）
2. 螺旋式组合哑铃加工工序编制（12 学时）
3. 螺旋式组合哑铃加工（28 学时）
4. 螺旋式组合哑铃装配及误差分析（4 学时）
5. 工作总结与评价（4 学时）

学习活动1　螺旋式组合哑铃加工任务分析

学习目标

1. 能独立阅读生产任务单，明确产品名称、材料、数量和工期等要求，叙述哑铃的用途、种类和常用材料。

2. 能正确分析螺旋式组合哑铃零件图样，明确结构特点、表面粗糙度、几何公差等加工要求。

3. 能根据图样要求，正确识读螺旋式组合哑铃工艺卡，明确加工所需的工、量、刃、夹具。

4. 能依据任务要求，制定合理的工作进度计划。

建议学时：12学时。

学习过程

领取螺旋式组合哑铃的生产任务单、零件图样和工艺卡，明确本次加工任务的内容。

一、阅读生产任务单

表3—1—1　　生产任务单

需方单位名称				完成日期	年　月　日
序号	产品名称	材料	数量	技术标准、质量要求	
1	螺旋式组合哑铃	Q235	30套	按图样要求	
2					
3					

续表

序号	产品名称	材料	数量	技术标准、质量要求		
4						
生产批准时间		年　月　日	批准人			
通知任务时间		年　月　日	发单人			
接单时间		年　月　日	接单人		生产班组	机械加工组

叙述哑铃的用途、种类和常用材料等。

图 3—1—1　哑铃

（1）用途

（2）种类

（3）常用材料

二、分析零件图样

1．分析螺旋式组合哑铃零件 1——螺纹连接杆图样

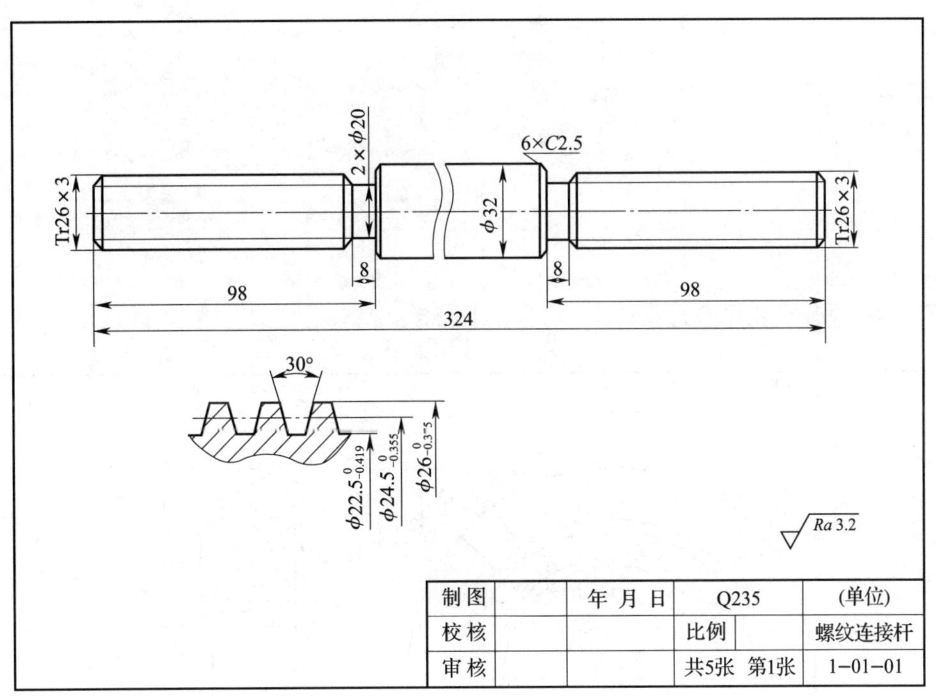

制图		年 月 日	Q235		(单位)
校核			比例		螺纹连接杆
审核			共5张　第1张		1–01–01

图 3—1—2　螺纹连接杆图样

（1）叙述螺纹连接杆的结构组成及各部分的作用。

（2）计算 Tr26 ×3 螺纹的主要参数。

（3）为什么螺纹两端要倒角?

2. 分析螺旋式组合哑铃零件 2——重件 1 图样

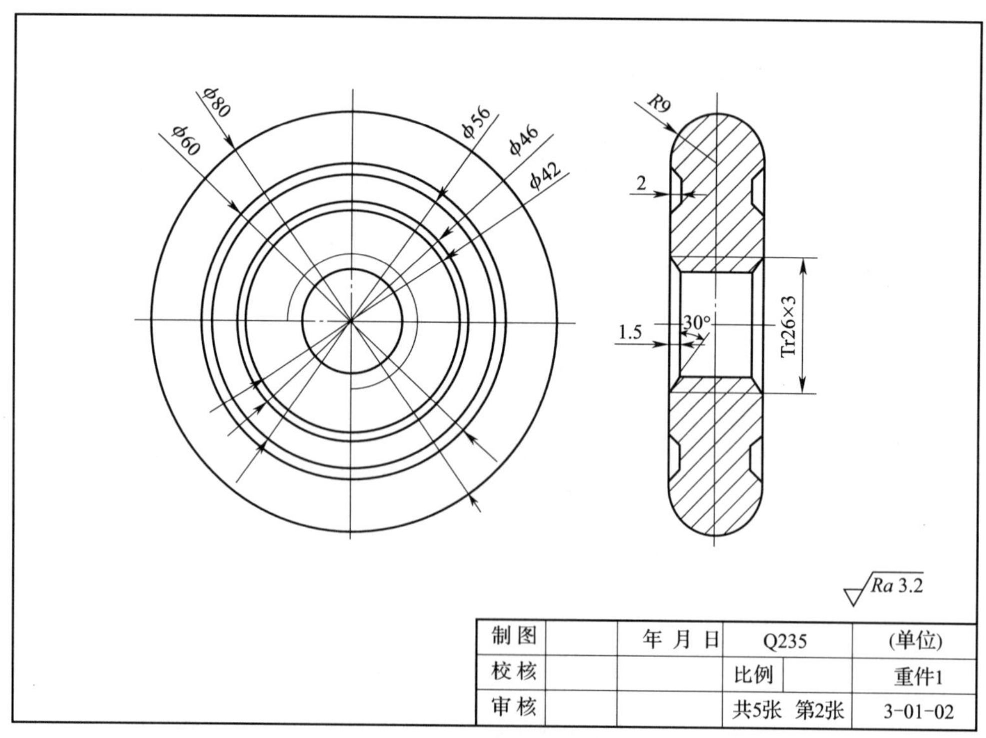

图 3—1—3 重件 1 图样

（1）重件 1 的加工数量是多少？其重量是多少？

物质	密度（$kg \times m^{-3}$）
铂	21.5×10^3
金	19.3×10^3
铅	11.3×10^3
银	10.5×10^3
铜	8.9×10^3
钢、铁	7.9×10^3
灰铸铁	7.2×10^3
铝	2.7×10^3

（2）叙述材料 Q235 牌号的含义，并列出其化学成分。

（3）叙述重件 1 的结构组成及各部分的作用。

（4）重件 1 图样左视图使用什么制图方法表达？为什么要采用这样的画法？绘制时应注意哪些问题？

（5）重件 1 的内梯形螺纹与螺纹连接杆有什么关系？

3. 分析螺旋式组合哑铃零件 3——重件 2 图样

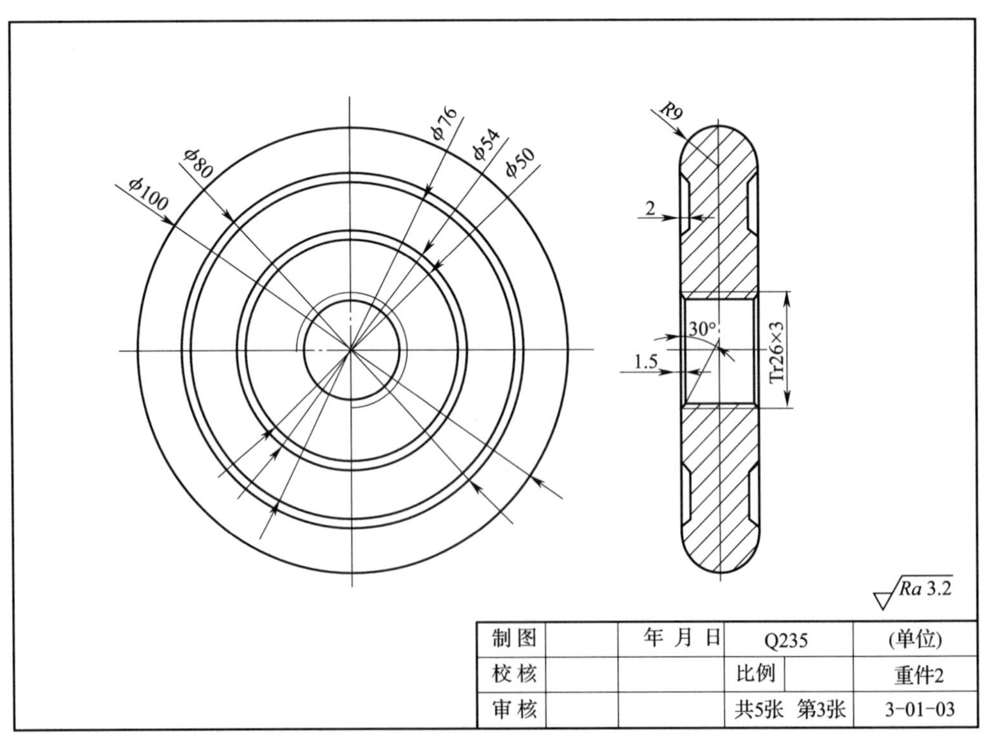

图 3—1—4 重件 2 图样

（1）重件 2 的加工数量是多少？其重量是多少？

（2）叙述重件 1 与重件 2 的区别。

（3）举例说明重件 1 和重件 2 的使用关系。

4．分析螺旋式组合哑铃零件 4——重件 3 图样

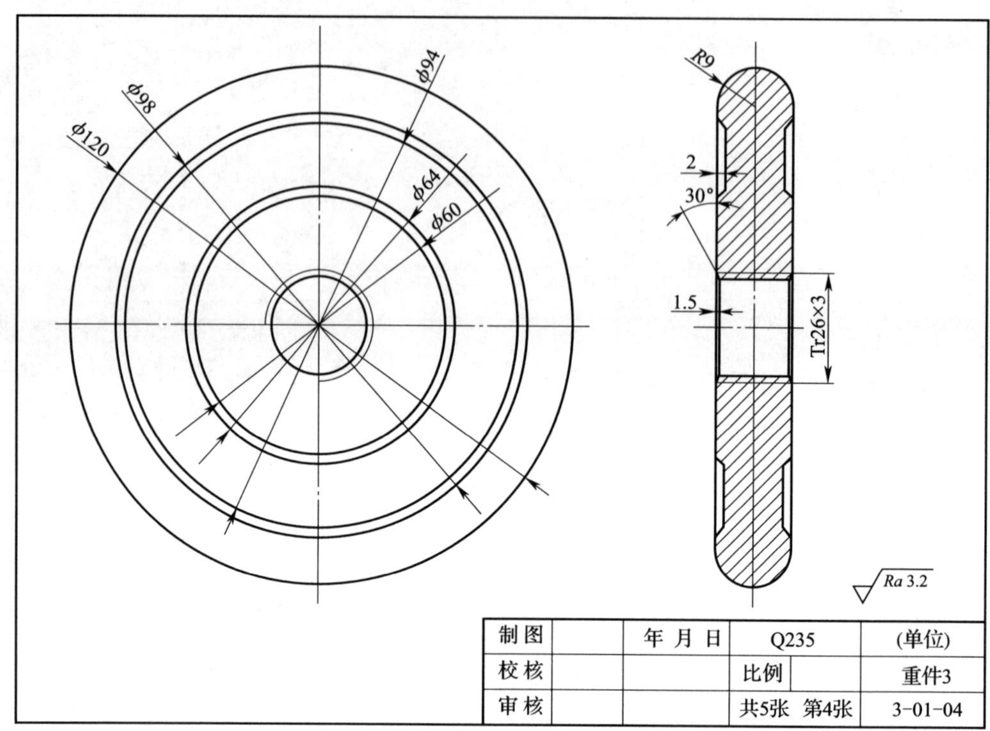

制图		年 月 日	Q235		(单位)
校核			比例		重件3
审核			共5张	第4张	3-01-04

图 3—1—5　重件 3 图样

（1）重件 3 的加工数量是多少？其重量是多少？

（2）叙述重件 3 与重件 1 的区别。

（3）举例说明重件 3、重件 2、重件 1 的使用关系。

5. 分析螺旋式组合哑铃零件 5——重件 4 图样

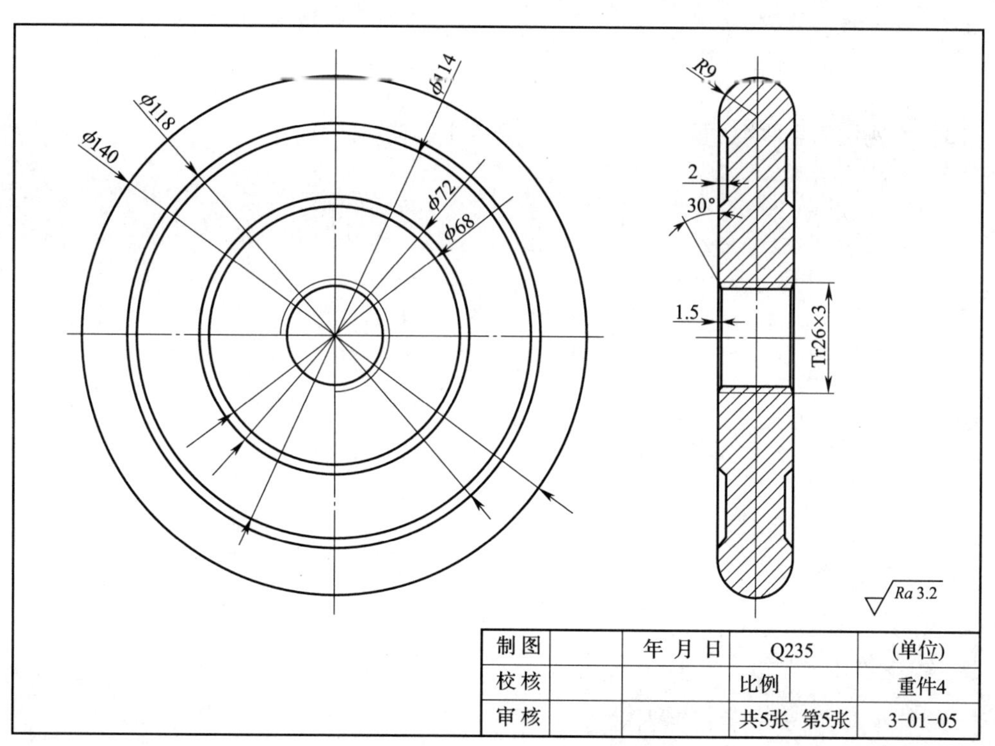

图 3—1—6　重件 4 图样

（1）重件 4 的加工数量是多少？其重量是多少？

（2）叙述重件 4 与重件 1 的区别。

（3）举例说明重件 4、重件 3、重件 2、重件 1 的使用关系。

三、识读工艺卡

1. 识读螺旋式组合哑铃零件 1——螺纹连接杆工艺卡

表 3—1—2　　螺纹连接杆工艺卡

<table>
<tr><td rowspan="2">单位名称</td><td rowspan="2" colspan="2"></td><td colspan="3">产品名称</td><td colspan="2">螺旋式组合哑铃</td><td>图号</td><td>3-01-01</td></tr>
<tr><td colspan="3">零件名称</td><td>螺纹连接杆</td><td>数量</td><td>30</td><td>第 1 页</td></tr>
<tr><td>材料种类</td><td colspan="2">低碳钢</td><td>材料牌号</td><td>Q235</td><td>毛坯尺寸</td><td colspan="3">ϕ35 mm×330 mm</td><td>共 1 页</td></tr>
<tr><td rowspan="2">工序号</td><td rowspan="2">工序内容</td><td rowspan="2">车间</td><td rowspan="2">设备</td><td colspan="3">工具</td><td rowspan="2">计划工时</td><td rowspan="2">实际工时</td></tr>
<tr><td>夹具</td><td>量具</td><td>刃具</td></tr>
<tr><td>01</td><td>下料 ϕ35 mm×330 mm</td><td>金</td><td>锯床</td><td>机用平口钳</td><td>钢直尺</td><td>锯条</td><td>20 min</td><td></td></tr>
<tr><td>10</td><td>车削螺纹连接杆</td><td>车</td><td>CA6140</td><td>三爪自定心卡盘</td><td>游标卡尺
千分尺</td><td>外圆车刀
梯形螺纹车刀
中心钻
车槽刀</td><td>240 min</td><td></td></tr>
<tr><td>20</td><td>检验</td><td>检验室</td><td></td><td></td><td>游标卡尺
千分尺
量针</td><td></td><td>20 min</td><td></td></tr>
</table>

更改号		拟定	校正	审核	批准
更改者					
日期					

（1）叙述低碳钢的机械性能和用途。

（2）计算检验量针的直径。

（3）绘制梯形螺纹车刀的图样，并标注其主要参数。

（4）根据图样与工艺分析，在表 3—1—3 中列出加工螺纹连接杆所使用的刀具、夹具及量具的名称、型号规格和用途。

表 3—1—3 加工螺纹连接杆的刀具、夹具及量具

类别	名称	型号规格	用途
刀具			
夹具			
量具			

2. 识读螺旋式组合哑铃零件 2——重件 1 工艺卡

表 3—1—4　　重件 1 工艺卡

<table>
<tr><td rowspan="2">单位名称</td><td rowspan="2"></td><td colspan="3">产品名称</td><td colspan="2">螺旋式组合哑铃</td><td>图号</td><td>3-01-02</td></tr>
<tr><td colspan="3">零件名称</td><td>重件 1</td><td>数量</td><td>60</td><td>第 1 页</td></tr>
<tr><td>材料种类</td><td>低碳钢</td><td>材料牌号</td><td>Q235</td><td colspan="2">毛坯尺寸</td><td colspan="2">ϕ85 mm×25 mm</td><td>共 1 页</td></tr>
</table>

<table>
<tr><td rowspan="2">工序号</td><td rowspan="2">工序内容</td><td rowspan="2">车间</td><td rowspan="2">设备</td><td colspan="3">工具</td><td rowspan="2">计划工时</td><td rowspan="2">实际工时</td></tr>
<tr><td>夹具</td><td>量具</td><td>刃具</td></tr>
<tr><td>01</td><td>下料 ϕ85 mm×25 mm</td><td>金</td><td>锯床</td><td>机用平口钳</td><td>钢直尺</td><td>锯条</td><td>20 min</td><td></td></tr>
<tr><td>10</td><td>车削重件 1</td><td>车</td><td>CA6140</td><td>三爪自定心卡盘</td><td>游标卡尺
千分尺</td><td>外圆车刀
内孔车刀
内梯形螺纹车刀
圆头车刀
车槽刀</td><td>180 min</td><td></td></tr>
<tr><td>20</td><td>检验</td><td>检验室</td><td></td><td></td><td>游标卡尺
螺纹连接杆
半径样板</td><td></td><td>20 min</td><td></td></tr>
</table>

更改号		拟定	校正	审核	批准
更改者					
日期					

根据图样与工艺分析，在表 3—1—5 中列出加工重件 1 所使用的刀具、夹具及量具的名称、型号规格和用途。

表 3—1—5　　加工重件 1 的刀具、夹具及量具

类别	名称	型号规格	用途
刀具			
夹具			
量具			

3. 识读螺旋式组合哑铃零件 3——重件 2 工艺卡

表 3—1—6　　重件 2 工艺卡

<table>
<tr><td rowspan="2" colspan="2">单位名称</td><td rowspan="2" colspan="2"></td><td colspan="3">产品名称</td><td colspan="2">螺旋式组合哑铃</td><td colspan="2">图号</td><td>3 - 01 - 03</td></tr>
<tr><td colspan="3">零件名称</td><td>重件 2</td><td>数量</td><td colspan="2">60</td><td>第 1 页</td></tr>
<tr><td colspan="2">材料种类</td><td colspan="2">低碳钢</td><td>材料牌号</td><td colspan="2">Q235</td><td>毛坯尺寸</td><td colspan="3">ϕ105 mm × 25 mm</td><td>共 1 页</td></tr>
<tr><td rowspan="2">工序号</td><td rowspan="2" colspan="2">工序内容</td><td rowspan="2">车间</td><td rowspan="2">设备</td><td colspan="5">工具</td><td rowspan="2">计划工时</td><td rowspan="2">实际工时</td></tr>
<tr><td>夹具</td><td>量具</td><td colspan="3">刃具</td></tr>
<tr><td>01</td><td colspan="2">下料 ϕ105 mm × 25 mm</td><td>金</td><td>锯床</td><td>机用平口钳</td><td>钢直尺</td><td colspan="3">锯条</td><td>20 min</td><td></td></tr>
<tr><td>10</td><td colspan="2">车削重件 2</td><td>车</td><td>CA6140</td><td>三爪自定心卡盘</td><td>游标卡尺
千分尺</td><td colspan="3">外圆车刀
内梯形螺纹车刀
圆头车刀
车槽刀</td><td>180 min</td><td></td></tr>
</table>

续表

工序号	工序内容	车间	设备	工具			计划工时	实际工时
				夹具	量具	刃具		
20	检验	检验室			游标卡尺 千分尺 螺纹连接杆 半径样板		20 min	

更改号		拟定	校正	审核	批准
更改者					
日期					

根据图样与工艺分析，在表 3—1—7 中列出加工重件 2 所使用的刀具、夹具及量具的名称、型号规格和用途。

表 3—1—7　　加工重件 2 的刀具、夹具及量具

类别	名称	型号规格	用途
刀具			
夹具			
量具			

4．识读螺旋式组合哑铃零件 4——重件 3 工艺卡

表 3—1—8 重件 3 工艺卡

<table>
<tr><td rowspan="2">单位名称</td><td rowspan="2"></td><td colspan="3">产品名称</td><td colspan="2">螺旋式组合哑铃</td><td>图号</td><td>3 - 01 - 04</td></tr>
<tr><td colspan="3">零件名称</td><td>重件 3</td><td>数量</td><td>60</td><td>第 1 页</td></tr>
<tr><td>材料种类</td><td>低碳钢</td><td>材料牌号</td><td>Q235</td><td>毛坯尺寸</td><td colspan="3">ϕ130 mm × 25 mm</td><td>共 1 页</td></tr>
</table>

<table>
<tr><td rowspan="2">工序号</td><td rowspan="2">工序内容</td><td rowspan="2">车间</td><td rowspan="2">设备</td><td colspan="3">工具</td><td rowspan="2">计划工时</td><td rowspan="2">实际工时</td></tr>
<tr><td>夹具</td><td>量具</td><td>刃具</td></tr>
<tr><td>01</td><td>下料 ϕ130 mm × 25 mm</td><td>金</td><td>锯床</td><td>机用平口钳</td><td>钢直尺</td><td>锯条</td><td>20 min</td><td></td></tr>
<tr><td>10</td><td>车削重件 3</td><td>车</td><td>CA6140</td><td>三爪自定心卡盘</td><td>游标卡尺
千分尺</td><td>外圆车刀
内梯形螺纹车刀
圆头车刀
车槽刀</td><td>180 min</td><td></td></tr>
<tr><td>20</td><td>检验</td><td>检验室</td><td></td><td></td><td>游标卡尺
千分尺
螺纹连接杆
半径样板</td><td></td><td>20 min</td><td></td></tr>
</table>

更改号		拟定	校正	审核	批准
更改者					
日期					

根据图样与工艺分析，在表 3—1—9 中列出加工重件 3 所使用的刀具、夹具及量具的名称、型号规格和用途。

表 3—1—9　　加工重件 3 的刀具、夹具及量具

类别	名称	型号规格	用途
刀具			
夹具			
量具			

5. 识读螺旋式组合哑铃零件 5——重件 4 工艺卡

表 3—1—10　　重件 4 工艺卡

<table>
<tr><td rowspan="2">单位名称</td><td rowspan="2"></td><td colspan="2">产品名称</td><td colspan="2">螺旋式组合哑铃</td><td>图号</td><td colspan="2">3 - 01 - 05</td></tr>
<tr><td colspan="2">零件名称</td><td>重件 4</td><td>数量</td><td>60</td><td colspan="2">第 1 页</td></tr>
<tr><td>材料种类</td><td>低碳钢</td><td>材料牌号</td><td>Q235</td><td colspan="2">毛坯尺寸</td><td colspan="2">ϕ145 mm × 25 mm</td><td>共 1 页</td></tr>
<tr><td rowspan="2">工序号</td><td rowspan="2">工序内容</td><td rowspan="2">车间</td><td rowspan="2">设备</td><td colspan="3">工具</td><td rowspan="2">计划工时</td><td rowspan="2">实际工时</td></tr>
<tr><td>夹具</td><td>量具</td><td>刀具</td></tr>
<tr><td>01</td><td>下料 ϕ145 mm × 25 mm</td><td>金</td><td>锯床</td><td>机用平口钳</td><td>钢直尺</td><td>锯条</td><td>20 min</td><td></td></tr>
<tr><td>10</td><td>车削重件 4</td><td>车</td><td>CA6140</td><td>三爪自定心卡盘</td><td>游标卡尺
千分尺</td><td>外圆车刀
内梯形螺纹车刀
圆头车刀
车槽刀</td><td>180 min</td><td></td></tr>
</table>

续表

工序号	工序内容	车间	设备	工具			计划工时	实际工时
				夹具	量具	刃具		
20	检验	检验室			游标卡尺 千分尺 螺纹连接杆 半径样板		20 min	

更改号		拟定	校正	审核	批准
更改者					
日期					

根据图样与工艺分析，在表 3—1—11 中列出加工重件 4 所使用的刀具、夹具及量具的名称、型号规格和用途。

表 3—1—11　　　　加工重件 4 的刀具、夹具及量具

类别	名称	型号规格	用途
刀具			
夹具			
量具			

四、制定工作进度计划

本生产任务工期为 15 天，依据任务要求，制定合理的工作进度计划，并根据小组成员的特点进行分工。

表 3—1—12　　工作进度安排及分工

序号	工作内容	时间	成员	负责人

学习活动2　螺旋式组合哑铃加工工序编制

学习目标

1. 能根据零件图样，结合加工图例，确定螺旋式组合哑铃零件车削加工步骤。

2. 能根据加工步骤，结合生产现场条件，查阅切削手册，正确规范地制定螺旋式组合哑铃零件的车削加工工序卡。

建议学时：12学时。

学习过程

一、制定螺旋式组合哑铃零件1——螺纹连接杆车削加工工序卡

1. 在表3—2—1中，结合螺纹连接杆车削加工步骤和图例填写操作内容。

表3—2—1　　螺纹连接杆车削加工步骤

操作步骤	图例	主要夹、量、刃具
1. 用三爪自定心卡盘找正装夹零件，毛坯料约伸出35 mm左右；车端面，车 $\phi30$ mm × 10 mm台阶外圆，钻中心孔	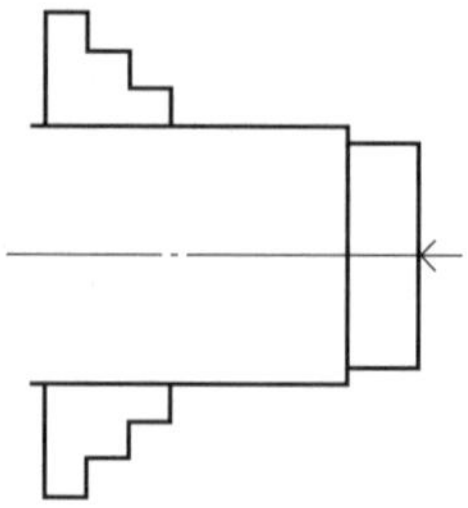	卡盘扳手 刀架扳手 90°外圆车刀 $\phi2.5$mm中心钻 钻夹头

续表

操作步骤	图例	主要夹、量、刃具
2. 调头，取总长________ mm，钻中心孔	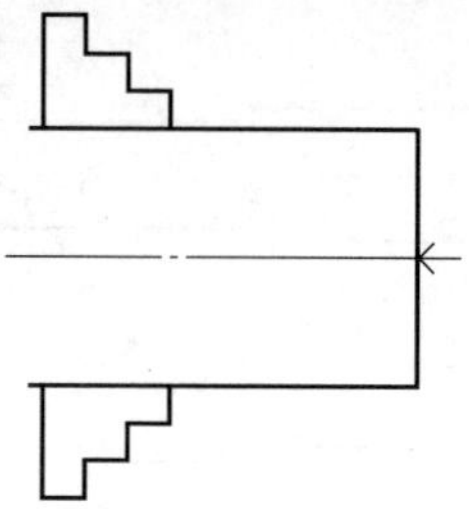	90°外圆车刀 0～300 mm 钢直尺 ϕ2.5 mm 中心钻
3. 一夹一顶装夹工件，粗车 ϕ32 mm 外圆长度为______、ϕ26 mm 外圆长度为______，两级外圆留______ mm 余量	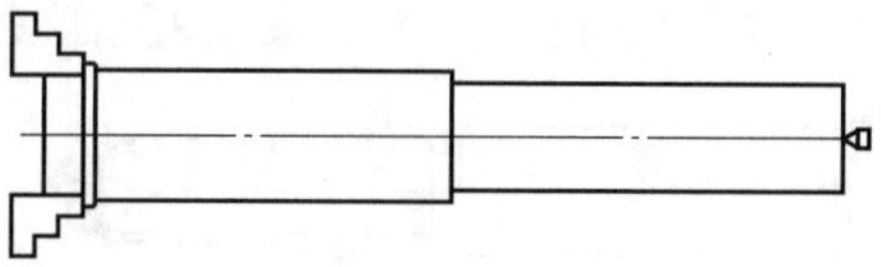	90°外圆车刀 游标卡尺
4. 精车 ϕ32 mm、ϕ26 mm 外圆至图样尺寸要求		
5. 车槽 ϕ20 mm 长度为________ mm	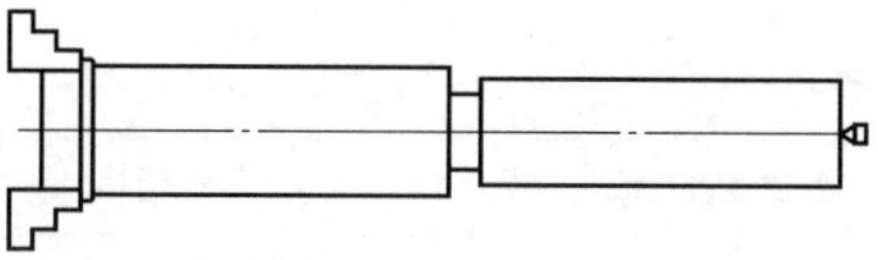	车槽刀 游标卡尺
6. 倒角________，粗车梯形螺纹至 A = ________ mm（A 为螺纹单针测量值）	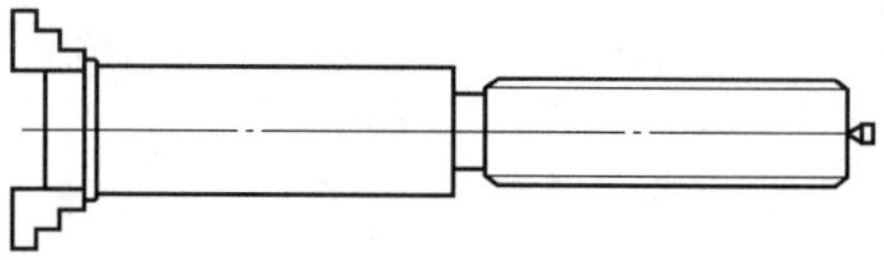	梯形螺纹粗、精车刀 千分尺 量针
7. 精车梯形螺纹至 A = ________ mm		
8. 检验		
9. 调头，垫铜皮包 ϕ32 mm 外圆装夹，一夹一顶	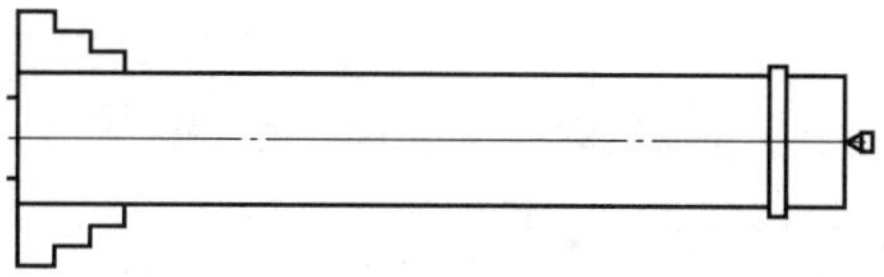	尾顶

续表

操作步骤	图例	主要夹、量、刃具
10. 一夹一顶装夹工件，粗、精车 ϕ26 mm 外圆长度为______	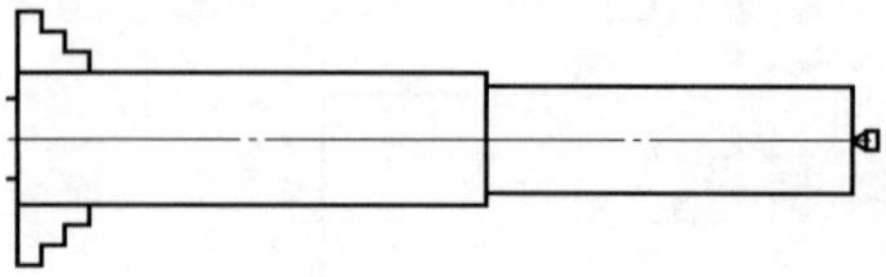	90°外圆车刀 游标卡尺 千分尺 尾顶
11. 车槽 ϕ20 mm 长度为________ mm	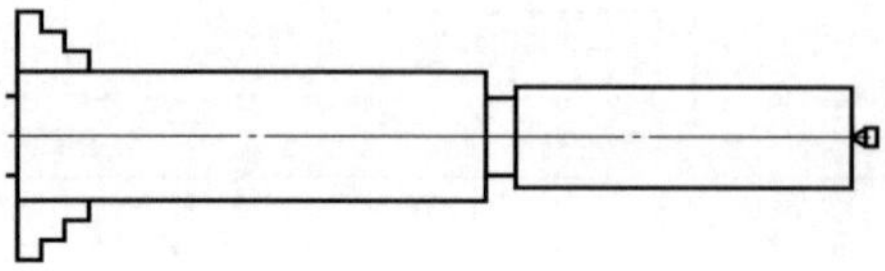	车槽刀 游标卡尺
12. 倒角________	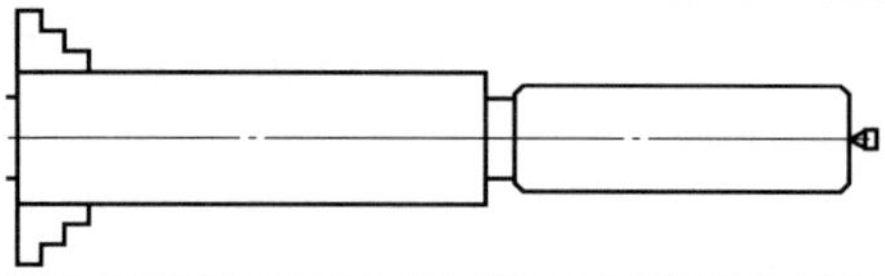	45°外圆车刀
13. 粗、精车梯形螺纹至 A = ________ mm，检验	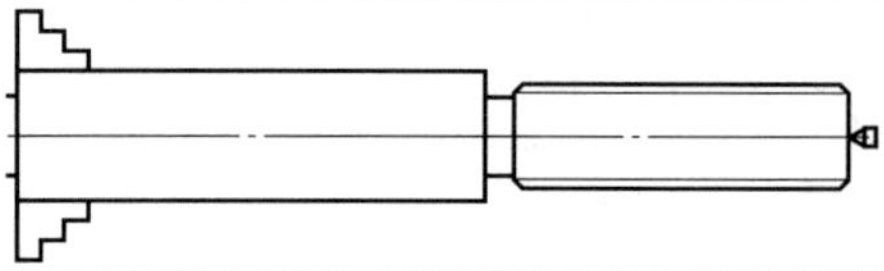	梯形螺纹粗、精车刀 量针

2. 根据螺纹连接杆工艺卡工序 10 和加工步骤，制定螺纹连接杆车削加工工序卡，并把螺纹连接杆完成图样绘制到工序卡片的空白处。

表 3—2—2　　　　螺纹连接杆车削加工工序卡

<table>
<tr><td rowspan="2">螺纹连接杆工序卡片</td><td>产品型号</td><td colspan="2"></td><td>零件图号</td><td></td><td colspan="2"></td><td></td></tr>
<tr><td>产品名称</td><td colspan="2"></td><td>零件名称</td><td></td><td colspan="2">共　页</td><td>第　页</td></tr>
<tr><td rowspan="11"></td><td colspan="2">车间</td><td colspan="2">工序号</td><td colspan="2">工序名称</td><td colspan="2">材料牌号</td></tr>
<tr><td colspan="2"></td><td colspan="2"></td><td colspan="2"></td><td colspan="2"></td></tr>
<tr><td colspan="2">毛坯种类</td><td colspan="2">毛坯外形尺寸</td><td colspan="2">每毛坯可制件数</td><td colspan="2">每台件数</td></tr>
<tr><td colspan="2"></td><td colspan="2"></td><td colspan="2"></td><td colspan="2"></td></tr>
<tr><td colspan="2">设备名称</td><td colspan="2">设备型号</td><td colspan="2">设备编号</td><td colspan="2">同时加工件数</td></tr>
<tr><td colspan="2"></td><td colspan="2"></td><td colspan="2"></td><td colspan="2"></td></tr>
<tr><td colspan="3">夹具编号</td><td colspan="2">夹具名称</td><td colspan="3">切削液</td></tr>
<tr><td colspan="3"></td><td colspan="2"></td><td colspan="3"></td></tr>
<tr><td colspan="2" rowspan="2">工位器具编号</td><td colspan="2" rowspan="2">工位器具名称</td><td colspan="4">工序工时（min）</td></tr>
<tr><td colspan="2">准终</td><td colspan="2">单件</td></tr>
<tr><td colspan="2"></td><td colspan="2"></td><td colspan="2"></td><td colspan="2"></td></tr>
</table>

续表

工步号	工步内容	工艺装备	主轴转速 r/min	切削速度 m/min	进给量 mm/r	切削深度 mm	进给次数	工步工时（s）	
								机动	辅助

	设计（日期）	校对（日期）	审核（日期）	标准化（日期）	会签（日期）

二、制定螺旋式组合哑铃零件 2——重件 1 车削加工工序卡

1．在表 3—2—3 中，结合重件 1 车削加工步骤和图例填写操作内容。

表 3—2—3 重件 1 车削加工步骤

操作步骤	图例	主要夹、量、刃具
1．用三爪自定心卡盘装夹找正毛坯料，伸出约 10 mm 左右；车削工艺台阶外圆 ϕ80 mm × 5 mm 的阶台，钻孔________ mm	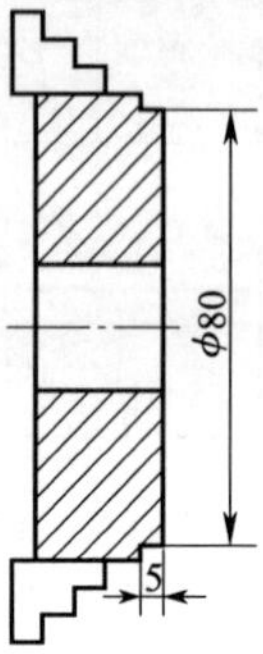 ϕ80 5	卡盘扳手 刀架扳手 90°外圆车刀 麻花钻 游标卡尺
2．夹 ϕ80 mm × 5 mm 台阶外圆，找正夹紧，车端面，粗车外圆________	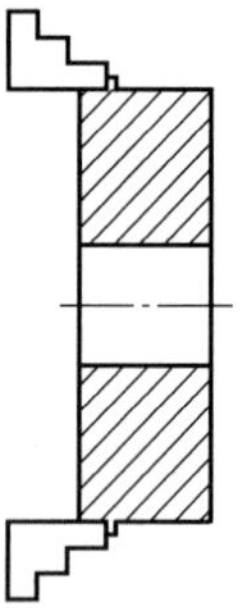	90°外圆车刀 游标卡尺
3．粗、精车端面槽________，并检验	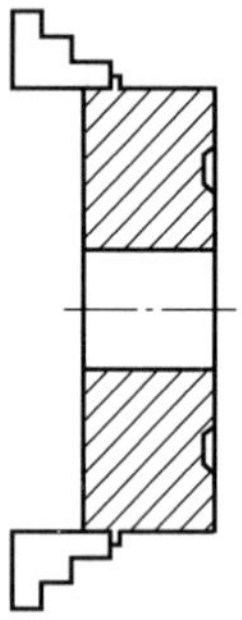	车槽刀 游标卡尺 钢直尺
4．调头，夹 ϕ81 mm 外圆约 15 mm 长，找正工件，车端面，取总长________ mm	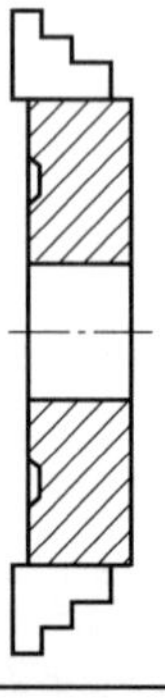	90°外圆车刀 游标卡尺

续表

操作步骤	图例	主要夹、量、刃具
5. 粗、精车端面槽________	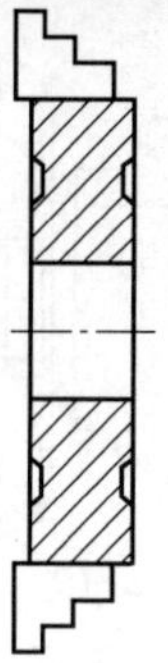	车槽刀 游标卡尺
6. 粗、精车内孔至尺寸________ mm，内孔倒角________	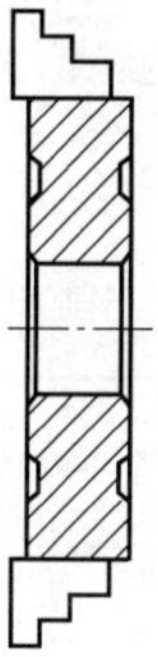	内孔车刀 游标卡尺
7. 粗、精车梯形螺纹至图样尺寸，与螺纹连接杆的外梯形螺纹配合	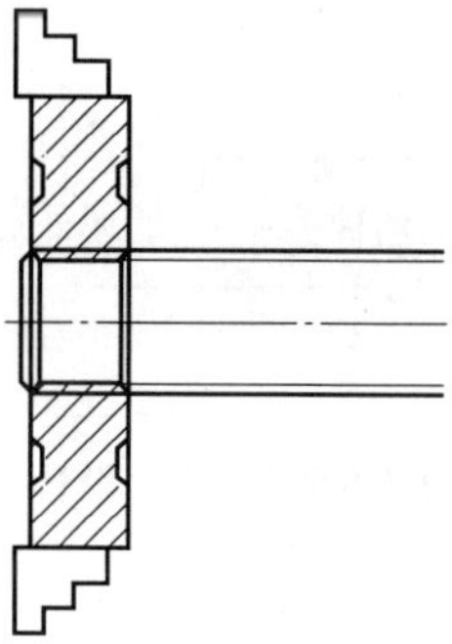	内梯形螺纹粗、精车刀 螺纹连接杆
8. 倒角并检验	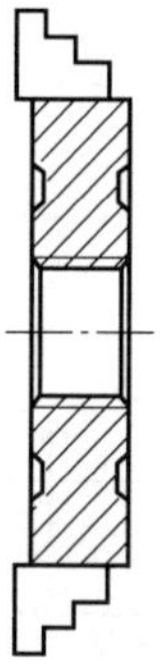	45°外圆车刀 螺纹连接杆 游标卡尺

续表

操作步骤	图例	主要夹、量、刃具
9. 使用螺纹心轴，一夹一顶车削重件1圆弧________	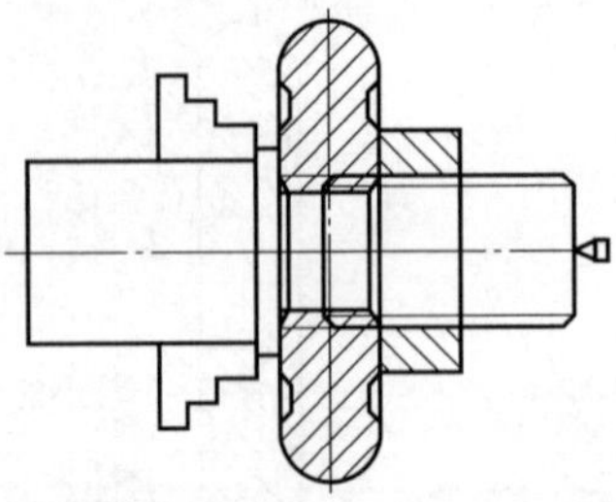	圆头车刀 半径样板

2. 根据重件1工艺卡工序10和加工步骤，制定重件1车削加工工序卡，并把重件1完成图样绘制到工序卡片的空白处。

表3—2—4　　　　重件1车削加工工序卡

<table>
<tr><td rowspan="2">重件1工序卡片</td><td>产品型号</td><td></td><td>零件图号</td><td></td><td></td><td></td></tr>
<tr><td>产品名称</td><td></td><td>零件名称</td><td></td><td>共　页</td><td>第　页</td></tr>
</table>

<table>
<tr><td rowspan="13"></td><td>车间</td><td>工序号</td><td colspan="2">工序名称</td><td>材料牌号</td></tr>
<tr><td></td><td></td><td colspan="2"></td><td></td></tr>
<tr><td>毛坯种类</td><td>毛坯外形尺寸</td><td colspan="2">每毛坯可制件数</td><td>每台件数</td></tr>
<tr><td></td><td></td><td colspan="2"></td><td></td></tr>
<tr><td>设备名称</td><td>设备型号</td><td colspan="2">设备编号</td><td>同时加工件数</td></tr>
<tr><td></td><td></td><td colspan="2"></td><td></td></tr>
<tr><td colspan="2">夹具编号</td><td colspan="2">夹具名称</td><td>切削液</td></tr>
<tr><td colspan="2"></td><td colspan="2"></td><td></td></tr>
<tr><td rowspan="2">工位器具编号</td><td rowspan="2">工位器具名称</td><td colspan="3">工序工时（min）</td></tr>
<tr><td colspan="2">准终</td><td>单件</td></tr>
<tr><td></td><td></td><td colspan="2"></td><td></td></tr>
</table>

续表

工步号	工步内容	工艺装备	主轴转速 r/min	切削速度 m/min	进给量 mm/r	切削深度 mm	进给次数	工步工时（s）	
								机动	辅助

	设计（日期）	校对（日期）	审核（日期）	标准化（日期）	会签（日期）

三、制定螺旋式组合哑铃零件3——重件2车削加工工序卡

根据重件2工艺卡工序10并参照重件1加工步骤，制定重件2车削加工工序卡，并把重件2完成图样绘制到工序卡片的空白处。

表3—2—5　　　　重件2车削加工工序卡

重件2工序卡片	产品型号		零件图号			
	产品名称		零件名称		共　页	第　页

	车间	工序号	工序名称	材料牌号	
	毛坯种类	毛坯外形尺寸	每毛坯可制件数	每台件数	
	设备名称	设备型号	设备编号	同时加工件数	
	夹具编号	夹具名称	切削液		
	工位器具编号	工位器具名称	工序工时（min）		
			准终	单件	

工步号	工步内容	工艺装备	主轴转速 r/min	切削速度 m/min	进给量 mm/r	切削深度 mm	进给次数	工步工时（s）	
								机动	辅助

续表

工步号	工步内容	工艺装备	主轴转速 r/min	切削速度 m/min	进给量 mm/r	切削深度 mm	进给次数	工步工时（s）	
								机动	辅助

	设计（日期）	校对（日期）	审核（日期）	标准化（日期）	会签（日期）

四、制定螺旋式组合哑铃零件 4——重件 3 车削加工工艺卡

根据重件 3 工艺卡工序 10 并参照重件 1 加工步骤，制定重件 3 车削加工工序卡，并把重件 3 完成图样绘制到工序卡片的空白处。

表 3—2—6　　　　　　　　　　重件 3 车削加工工序卡

<table>
<tr><td rowspan="2">重件 3 工序卡片</td><td>产品型号</td><td></td><td>零件图号</td><td></td><td></td><td></td></tr>
<tr><td>产品名称</td><td></td><td>零件名称</td><td></td><td>共　页</td><td>第　页</td></tr>
</table>

<table>
<tr><td rowspan="15"></td><td colspan="3">车间</td><td colspan="3">工序号</td><td colspan="3">工序名称</td><td colspan="3">材料牌号</td></tr>
<tr><td colspan="3"></td><td colspan="3"></td><td colspan="3"></td><td colspan="3"></td></tr>
<tr><td colspan="3">毛坯种类</td><td colspan="3">毛坯外形尺寸</td><td colspan="3">每毛坯可制件数</td><td colspan="3">每台件数</td></tr>
<tr><td colspan="3"></td><td colspan="3"></td><td colspan="3"></td><td colspan="3"></td></tr>
<tr><td colspan="3">设备名称</td><td colspan="3">设备型号</td><td colspan="3">设备编号</td><td colspan="3">同时加工件数</td></tr>
<tr><td colspan="3"></td><td colspan="3"></td><td colspan="3"></td><td colspan="3"></td></tr>
<tr><td colspan="4">夹具编号</td><td colspan="4">夹具名称</td><td colspan="4">切削液</td></tr>
<tr><td colspan="4"></td><td colspan="4"></td><td colspan="4"></td></tr>
<tr><td colspan="3" rowspan="2">工位器具编号</td><td colspan="3" rowspan="2">工位器具名称</td><td colspan="6">工序工时（min）</td></tr>
<tr><td colspan="3">准终</td><td colspan="3">单件</td></tr>
<tr><td colspan="3"></td><td colspan="3"></td><td colspan="3"></td><td colspan="3"></td></tr>
</table>

<table>
<tr><td rowspan="2">工步号</td><td rowspan="2">工步内容</td><td rowspan="2">工艺装备</td><td rowspan="2">主轴转速 r/min</td><td rowspan="2">切削速度 m/min</td><td rowspan="2">进给量 mm/r</td><td rowspan="2">切削深度 mm</td><td rowspan="2">进给次数</td><td colspan="2">工步工时（s）</td></tr>
<tr><td>机动</td><td>辅助</td></tr>
<tr><td></td><td></td><td></td><td></td><td></td><td></td><td></td><td></td><td></td><td></td></tr>
<tr><td></td><td></td><td></td><td></td><td></td><td></td><td></td><td></td><td></td><td></td></tr>
<tr><td></td><td></td><td></td><td></td><td></td><td></td><td></td><td></td><td></td><td></td></tr>
<tr><td></td><td></td><td></td><td></td><td></td><td></td><td></td><td></td><td></td><td></td></tr>
</table>

续表

工步号	工步内容	工艺装备	主轴转速 r/min	切削速度 m/min	进给量 mm/r	切削深度 mm	进给次数	工步工时（s）	
								机动	辅助

	设计（日期）	校对（日期）	审核（日期）	标准化（日期）	会签（日期）

五、制定螺旋式组合哑铃零件5——重件4车削加工工序卡

根据重件4工艺卡工序10并参照重件1加工步骤，制定重件4车削加工工序卡，并把重件4完成图样绘制到工序卡片的空白处。

表3—2—7　　　　　　　　重件4车削加工工序卡

<table>
<tr><td rowspan="2">重件4工序卡片</td><td>产品型号</td><td></td><td>零件图号</td><td></td><td></td><td></td></tr>
<tr><td>产品名称</td><td></td><td>零件名称</td><td></td><td>共　页</td><td>第　页</td></tr>
</table>

<table>
<tr><td rowspan="15"></td><td>车间</td><td colspan="2">工序号</td><td colspan="2">工序名称</td><td>材料牌号</td></tr>
<tr><td></td><td colspan="2"></td><td colspan="2"></td><td></td></tr>
<tr><td>毛坯种类</td><td colspan="2">毛坯外形尺寸</td><td colspan="2">每毛坯可制件数</td><td>每台件数</td></tr>
<tr><td></td><td colspan="2"></td><td colspan="2"></td><td></td></tr>
<tr><td>设备名称</td><td colspan="2">设备型号</td><td colspan="2">设备编号</td><td>同时加工件数</td></tr>
<tr><td></td><td colspan="2"></td><td colspan="2"></td><td></td></tr>
<tr><td colspan="2">夹具编号</td><td colspan="2">夹具名称</td><td colspan="2">切削液</td></tr>
<tr><td colspan="2"></td><td colspan="2"></td><td colspan="2"></td></tr>
<tr><td rowspan="2">工位器具编号</td><td rowspan="2" colspan="2">工位器具名称</td><td colspan="3">工序工时（min）</td></tr>
<tr><td colspan="2">准终</td><td>单件</td></tr>
<tr><td></td><td colspan="2"></td><td colspan="2"></td><td></td></tr>
</table>

<table>
<tr><td rowspan="2">工步号</td><td rowspan="2">工步内容</td><td rowspan="2">工艺装备</td><td rowspan="2">主轴转速 r/min</td><td rowspan="2">切削速度 m/min</td><td rowspan="2">进给量 mm/r</td><td rowspan="2">切削深度 mm</td><td rowspan="2">进给次数</td><td colspan="2">工步工时（s）</td></tr>
<tr><td>机动</td><td>辅助</td></tr>
<tr><td></td><td></td><td></td><td></td><td></td><td></td><td></td><td></td><td></td><td></td></tr>
<tr><td></td><td></td><td></td><td></td><td></td><td></td><td></td><td></td><td></td><td></td></tr>
<tr><td></td><td></td><td></td><td></td><td></td><td></td><td></td><td></td><td></td><td></td></tr>
<tr><td></td><td></td><td></td><td></td><td></td><td></td><td></td><td></td><td></td><td></td></tr>
</table>

续表

工步号	工步内容	工艺装备	主轴转速 r/min	切削速度 m/min	进给量 mm/r	切削深度 mm	进给次数	工步工时（s）	
								机动	辅助

	设计（日期）	校对（日期）	审核（日期）	标准化（日期）	会签（日期）

学习活动3　螺旋式组合哑铃加工

学习目标

1. 能根据螺旋式组合哑铃图样要求，到材料库正确规范地领取材料。

2. 能根据螺旋式组合哑铃图样工艺要求，到工具库正确规范地领取工、量、刃、夹具。

3. 能根据螺旋式组合哑铃图样要求，合理刃磨内梯形螺纹车刀和外梯形螺纹车刀。

4. 能根据操作提示，严格按照机床操作规程完成螺旋式组合哑铃零件的加工，对加工完成的零件进行质量检测，并对加工中出现的问题提出改进措施。

5. 能按国家环保相关规定和安全文明生产要求整理现场，合理保养维护工、量、刃、夹具及设备，正确处置废油液等废弃物；能严格按照车间管理规定，正确规范地交接班和保养车床。

建议学时：28 学时。

学习过程

一、填写领料单并领取材料

表 3—3—1　　领料单

<table>
<tr><td colspan="2">领料部门</td><td colspan="2"></td><td colspan="2">产品名称及数量</td><td colspan="2"></td></tr>
<tr><td colspan="2">领料单号</td><td colspan="2"></td><td colspan="2">零件名称及数量</td><td colspan="2"></td></tr>
<tr><td rowspan="2">材料名称</td><td rowspan="2">材料规格及型号</td><td rowspan="2">单位</td><td colspan="2">数量</td><td rowspan="2">单价</td><td rowspan="2">总价</td></tr>
<tr><td>请领</td><td>实发</td></tr>
<tr><td></td><td></td><td></td><td></td><td></td><td></td><td></td></tr>
<tr><td>材料用途说明</td><td>材料仓库</td><td>主管</td><td>发料数量</td><td>领料部门</td><td>主管</td><td>领料数量</td></tr>
<tr><td></td><td></td><td></td><td></td><td></td><td></td><td></td></tr>
</table>

二、汇总工、量、刃、夹具清单并领取工、量、刃、夹具

表 3—3—2　　工、量、刃、夹具清单

序号	名称	型号规格	数量	需领用数量

续表

序号	名称	型号规格	数量	需领用数量

三、刃磨车刀

根据螺旋式组合哑铃各零件图样要求，合理刃磨内梯形螺纹车刀和外梯形螺纹车刀，叙述两者在几何形状上的区别。

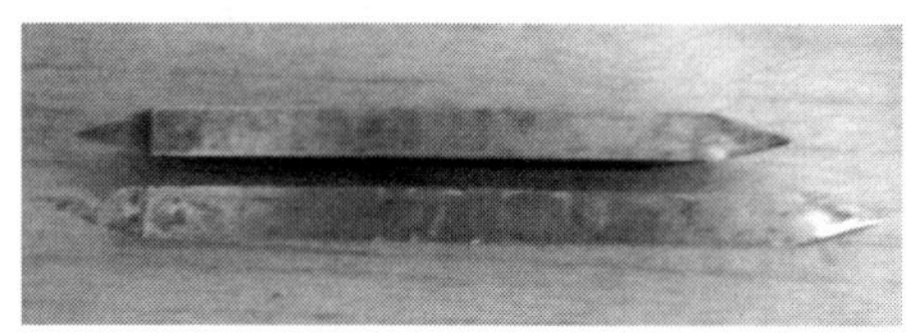

图 3—3—1　外梯形螺纹车刀

图 3—3—2　内梯形螺纹车刀

四、完成螺旋式组合哑铃零件加工和质量检测

1. 螺旋式组合哑铃零件1——螺纹连接杆加工

（1）按照螺纹连接杆车削操作过程的提示，在实训场地完成螺纹连接杆的车削加工。

表3—3—3　　螺纹连接杆车削操作过程

操作步骤	操作要点
1. 加工前准备工作	（1）按操作规程，加工零件前检查各电气设施，手柄、传动部位、防护、限位装置是否齐全可靠、灵活，然后完成机床润滑、预热等准备工作 （2）根据车间要求，合理放置毛坯料、刀具、量具、图样、工序卡等
2. 螺纹连接杆车削加工	（1）合理安装刀具 （2）合理装夹毛坯料 （3）根据螺纹连接杆车削加工工序卡，规范操作车床车削螺纹连接杆达到图样要求，及时合理做好在线检测工作 （4）根据检测表，合理检测车削完成的螺纹连接杆
3. 加工后整理工作	加工完毕后，正确放置零件，并进行产品交接确认；按照国家环保相关规定和车间要求，整理现场，正确处置废油液等废弃物；按车间规定填写交接班记录（见附表1）和设备日常保养记录卡（见附表2）

（2）加工完成后将加工过程中出现的问题记录下来，分析问题并写出改进措施。

（3）对车削加工完成的螺纹连接杆进行质量检测，并把检测结果填入表 3—3—4。

表 3—3—4　　螺纹连接杆车削工序检测表

序号	考核项目	考核内容及要求	配分 IT　Ra	评分标准	检测结果 IT　Ra	得分
1	螺纹	$\phi26_{-0.375}^{0}$（2 处）	2×4	超差不得分		
2		$\phi24.5_{-0.355}^{0}$（2 处）	2×7	超差不得分		
3		$\phi22.5_{-0.4189}^{0}$（2 处）	2×4	超差不得分		
4		15°（4 处）	4×2	IT14 超差不得分		
5		螺距 $P=3$（2 处）	2×2	IT14 超差不得分		
6	外圆	$\phi32$	3	IT14 超差不得分		
7		$\phi20$（2 处）	2×2	IT14 超差不得分		
8	长度	98（2 处）	2×2	IT14 超差不得分		
9		324	2	IT14 超差不得分		
10		8（2 处）	2×2	IT14 超差不得分		
11	倒角	$C2.5$（6 处）	6×1	IT14 超差不得分		
12	表面粗糙度	$Ra3.2$ μm（15 处）	15×1	超差不得分		
13	设备及工、量、刃、夹具的使用维护	正确规范使用工、量、刃、夹具并进行合理保养及维护	10	不符合要求酌情扣 1～10 分		
14		正确规范使用设备，合理保养及维护设备		不符合要求酌情扣 1～10 分		
15		操作姿势、动作正确		不符合要求酌情扣 1～10 分		
16	安全与其他	按国家颁布的有关法规或企业制定的有关规定，安全文明生产	10	一项不符合要求扣 2 分，发生较大事故取消考核资格		
17		操作、工艺规范正确		一处不符合要求扣 2 分		
18		工作服正确穿戴		一处不符合要求扣 2 分		

续表

序号	考核项目	考核内容及要求	配分 IT　Ra	评分标准	检测结果 IT　Ra	得分
19	安全与其他	工件各表面无缺陷	10	不符合要求扣1～8分		
20		按机械制造企业环保管理有关规定，环保处理		不符合要求扣1～10分		
总分			100			

2. 螺旋式组合哑铃零件2——重件1加工

（1）按照重件1车削操作过程的提示，在实训场地完成重件1的车削加工。

表3—3—5　　重件1车削操作过程

操作步骤	操作要点
1. 加工前准备工作	（1）按操作规程，加工零件前检查各电气设施，手柄、传动部位、防护、限位装置是否齐全可靠、灵活，然后完成机床润滑、预热等准备工作 （2）根据车间要求，合理放置毛坯料、刀具、量具、图样、工序卡等
2. 重件1车削加工	（1）合理安装刀具 （2）合理装夹毛坯料 （3）根据重件1车削加工工序卡，规范操作车床车削重件1到图样要求，及时合理做好在线检测工作 （4）根据检测表，合理检测车削完成的重件1
3. 加工后整理工作	加工完毕后，正确放置零件，并进行产品交接确认；按照国家环保相关规定和车间要求，整理现场，正确处置废油液等废弃物；按车间规定填写交接班记录（见附表1）和设备日常保养记录卡（见附表2）

（2）加工完成后将加工过程中出现的问题记录下来，分析问题并写出改进措施。

(3) 对车削加工完成的重件 1 进行质量检测，并把检测结果填入表 3—3—6。

表 3—3—6　　重件 1 车削工序检测表

序号	考核项目	考核内容及要求	配分 IT　Ra	评分标准	检测结果 IT　Ra	得分
1	螺纹	ϕ23	5	IT14 超差不得分		
2		与螺纹连接杆配合轴向移动不大于 0.1	15	超差不得分		
3	平面槽	ϕ60（2 处）	2×2	IT14 超差不得分		
4		ϕ56（2 处）	2×2	IT14 超差不得分		
5		ϕ46（2 处）	2×2	IT14 超差不得分		
6		ϕ42（2 处）	2×2	IT14 超差不得分		
7		2（2 处）	2×2	IT14 超差不得分		
8	外圆	ϕ80	6	IT14 超差不得分		
9	圆弧	$R9$	8	IT14 超差不得分		
10	倒角	1.5×30°	2	IT14 超差不得分		
11	表面粗糙度	$Ra3.2$ μm（12 处）	12×2	超差不得分		
12	设备及工、量、刃、夹具的使用维护	正确规范使用工、量、刃、夹具并进行合理保养及维护	10	不符合要求酌情扣 1～10 分		
13		正确规范使用设备，合理保养及维护设备		不符合要求酌情扣 1～10 分		
14		操作姿势、动作正确		不符合要求酌情扣 1～10 分		
15	安全与其他	按国家颁布的有关法规或企业制定的有关规定，安全文明生产	10	一项不符合要求扣 2 分，发生较大事故取消考核资格		
16		操作、工艺规范正确		一处不符合要求扣 2 分		

续表

序号	考核项目	考核内容及要求	配分 IT　Ra	评分标准	检测结果 IT　Ra	得分
17	安全与其他	工作服正确穿戴	10	一处不符合要求扣2分		
18		工件各表面无缺陷		不符合要求扣1~8分		
19		按机械制造企业环保管理有关规定，环保处理		不符合要求扣1~10分		
总分			100			

3．螺旋式组合哑铃零件3——重件2加工

（1）按照重件2车削操作过程的提示，在实训场地完成重件2的车削加工。

表3—3—7　　重件2车削操作过程

操作步骤	操作要点
1．加工前准备工作	（1）按操作规程，加工零件前检查各电气设施，手柄、传动部位、防护、限位装置是否齐全可靠、灵活，然后完成机床润滑、预热等准备工作 （2）根据车间要求，合理放置毛坯料、刀具、量具、图样、工序卡等
2．重件2车削加工	（1）合理安装刀具 （2）合理装夹毛坯料 （3）根据重件2车削加工工序卡，规范操作车床车削重件2到图样要求，及时合理做好在线检测工作 （4）根据检测表，合理检测车削完成的重件2
3．加工后整理工作	加工完毕后，正确放置零件，并进行产品交接确认；按照国家环保相关规定和车间要求，整理现场，正确处置废油液等废弃物；按车间规定填写交接班记录（见附表1）和设备日常保养记录卡（见附表2）

(2) 加工完成后将加工过程中出现的问题记录下来，分析问题并写出改进措施。

(3) 对车削加工完成的重件2进行质量检测，并把检测结果填入表3—3—8。

表3—3—8　　重件2车削工序检测表

序号	考核项目	考核内容及要求	配分 IT　Ra	评分标准	检测结果 IT　Ra	得分
1	螺纹	$\phi23$	5	IT14 超差不得分		
2		与螺纹连接杆配合轴向移动不大于0.1	15	超差不得分		
3	平面槽	$\phi80$（2处）	2×2	IT14 超差不得分		
4		$\phi76$（2处）	2×2	IT14 超差不得分		
5		$\phi54$（2处）	2×2	IT14 超差不得分		
6		$\phi50$（2处）	2×2	IT14 超差不得分		
7		2（2处）	2×2	IT14 超差不得分		
8	外圆	$\phi100$	6	IT14 超差不得分		
9	圆弧	$R9$	8	IT14 超差不得分		
10	倒角	1.5×30°	2	IT14 超差不得分		
11	表面粗糙度	$Ra3.2$ μm（12处）	12×2	超差不得分		
12	设备及工、量、刃、夹具的使用维护	正确规范使用工、量、刃、夹具并进行合理保养及维护	10	不符合要求酌情扣1~10分		
13		正确规范使用设备，合理保养及维护设备		不符合要求酌情扣1~10分		
14		操作姿势、动作正确		不符合要求酌情扣1~10分		

续表

序号	考核项目	考核内容及要求	配分 IT　Ra	评分标准	检测结果 IT　Ra	得分
15	安全与其他	按国家颁布的有关法规或企业制定的有关规定，安全文明生产	10	一项不符合要求扣2分，发生较大事故取消考核资格		
16		操作、工艺规范正确		一处不符合要求扣2分		
17		工作服正确穿戴		一处不符合要求扣2分		
18		工件各表面无缺陷		不符合要求扣1~8分		
19		按机械制造企业环保管理有关规定，环保处理		不符合要求扣1~10分		
总分			100			

4. 螺旋式组合哑铃零件4——重件3加工

（1）按照重件3车削操作过程的提示，在实训场地完成重件3的车削加工。

表3—3—9　　重件3车削操作过程

操作步骤	操作要点
1. 加工前准备工作	（1）按操作规程，加工零件前检查各电气设施，手柄、传动部位、防护、限位装置是否齐全可靠、灵活，然后完成机床润滑、预热等准备工作 （2）根据车间要求，合理放置毛坯料、刀具、量具、图样、工序卡等
2. 重件3车削加工	（1）合理安装刀具 （2）合理装夹毛坯料 （3）根据重件3车削加工工序卡，规范操作车床车削重件3到图样要求，及时合理做好在线检测工作 （4）根据检测表，合理检测车削完成的重件3
3. 加工后整理工作	加工完毕后，正确放置零件，并进行产品交接确认；按照国家环保相关规定和车间要求，整理现场，正确处置废油液等废弃物；按车间规定填写交接班记录（见附表1）和设备日常保养记录卡（见附表2）

（2）加工完成后将加工过程中出现的问题记录下来，分析问题并写出改进措施。

（3）对车削加工完成的重件 3 进行质量检测，并把检测结果填入表 3—3—10。

表 3—3—10 重件 3 车削工序检测表

<table>
<tr><th rowspan="2">序号</th><th rowspan="2">考核项目</th><th rowspan="2">考核内容及要求</th><th>配分</th><th rowspan="2">评分标准</th><th>检测结果</th><th rowspan="2">得分</th></tr>
<tr><th>IT　Ra</th><th>IT　Ra</th></tr>
<tr><td>1</td><td rowspan="2">螺纹</td><td>$\phi23$</td><td>5</td><td>IT14 超差不得分</td><td></td><td></td></tr>
<tr><td>2</td><td>与螺纹连接杆配合轴向移动不大于 0.1</td><td>15</td><td>超差不得分</td><td></td><td></td></tr>
<tr><td>3</td><td rowspan="5">平面槽</td><td>$\phi98$（2 处）</td><td>2×2</td><td>IT14 超差不得分</td><td></td><td></td></tr>
<tr><td>4</td><td>$\phi94$（2 处）</td><td>2×2</td><td>IT14 超差不得分</td><td></td><td></td></tr>
<tr><td>5</td><td>$\phi64$（2 处）</td><td>2×2</td><td>IT14 超差不得分</td><td></td><td></td></tr>
<tr><td>6</td><td>$\phi60$（2 处）</td><td>2×2</td><td>IT14 超差不得分</td><td></td><td></td></tr>
<tr><td>7</td><td>2（2 处）</td><td>2×2</td><td>IT14 超差不得分</td><td></td><td></td></tr>
<tr><td>8</td><td>外圆</td><td>$\phi120$</td><td>6</td><td>IT14 超差不得分</td><td></td><td></td></tr>
<tr><td>9</td><td>圆弧</td><td>$R9$</td><td>8</td><td>IT14 超差不得分</td><td></td><td></td></tr>
<tr><td>10</td><td>倒角</td><td>1.5×30°</td><td>2</td><td>IT14 超差不得分</td><td></td><td></td></tr>
<tr><td>11</td><td>表面粗糙度</td><td>$Ra3.2$ μm（12 处）</td><td>12×2</td><td>超差不得分</td><td></td><td></td></tr>
<tr><td>12</td><td rowspan="3">设备及工、量、刃、夹具的使用维护</td><td>正确规范使用工、量、刃、夹具并进行合理保养及维护</td><td rowspan="3">10</td><td>不符合要求酌情扣 1～10 分</td><td></td><td></td></tr>
<tr><td>13</td><td>正确规范使用设备，合理保养及维护设备</td><td>不符合要求酌情扣 1～10 分</td><td></td><td></td></tr>
<tr><td>14</td><td>操作姿势、动作正确</td><td>不符合要求酌情扣 1～10 分</td><td></td><td></td></tr>
</table>

续表

序号	考核项目	考核内容及要求	配分 IT Ra	评分标准	检测结果 IT Ra	得分
15	安全与其他	按国家颁布的有关法规或企业制定的有关规定，安全文明生产	10	一项不符合要求扣2分，发生较大事故取消考核资格		
16		操作、工艺规范正确		一处不符合要求扣2分		
17		工作服正确穿戴		一处不符合要求扣2分		
18		工件各表面无缺陷		不符合要求扣1~8分		
19		按机械制造企业环保管理有关规定，环保处理		不符合要求扣1~10分		
总分			100			

5. 螺旋式组合哑铃零件5——重件4加工

（1）按照重件4车削操作过程的提示，在实训场地完成重件4的加工。

表3—3—11　　重件4车削操作过程

操作步骤	操作要点
1. 加工前准备工作	（1）按操作规程，加工零件前检查各电气设施，手柄、传动部位、防护、限位装置是否齐全可靠、灵活，然后完成机床润滑、预热等准备工作 （2）根据车间要求，合理放置毛坯料、刀具、量具、图样、工序卡等
2. 重件4车削加工	（1）合理安装刀具 （2）合理装夹毛坯料 （3）根据重件4车削加工工序卡，规范操作车床车削重件4到图样要求，及时合理做好在线检测工作 （4）根据检测表，合理检测车削完成的重件4
3. 加工后整理工作	加工完毕后，正确放置零件，并进行产品交接确认；按照国家环保相关规定和车间要求，整理现场，正确处置废油液等废弃物；按车间规定填写交接班记录（见附表1）和设备日常保养记录卡（见附表2）

（2）加工完成后将加工过程中出现的问题记录下来，分析问题并写出改进措施。

（3）对车削加工完成的重件 4 进行质量检测，并把检测结果填入表 3—3—12。

表 3—3—12　　　　　　　　重件 4 车削工序检测表

<table>
<tr><th rowspan="2">序号</th><th rowspan="2">考核项目</th><th rowspan="2">考核内容及要求</th><th colspan="2">配分</th><th rowspan="2">评分标准</th><th colspan="2">检测结果</th><th rowspan="2">得分</th></tr>
<tr><th>IT</th><th>Ra</th><th>IT</th><th>Ra</th></tr>
<tr><td>1</td><td rowspan="2">螺纹</td><td>$\phi 23$</td><td>5</td><td></td><td>IT14 超差不得分</td><td></td><td></td><td></td></tr>
<tr><td>2</td><td>与螺纹连接杆配合轴向移动不大于 0.1</td><td>15</td><td></td><td>超差不得分</td><td></td><td></td><td></td></tr>
<tr><td>3</td><td rowspan="5">平面槽</td><td>$\phi 118$（2 处）</td><td>2×2</td><td></td><td>IT14 超差不得分</td><td></td><td></td><td></td></tr>
<tr><td>4</td><td>$\phi 114$（2 处）</td><td>2×2</td><td></td><td>IT14 超差不得分</td><td></td><td></td><td></td></tr>
<tr><td>5</td><td>$\phi 72$（2 处）</td><td>2×2</td><td></td><td>IT14 超差不得分</td><td></td><td></td><td></td></tr>
<tr><td>6</td><td>$\phi 68$（2 处）</td><td>2×2</td><td></td><td>IT14 超差不得分</td><td></td><td></td><td></td></tr>
<tr><td>7</td><td>2（2 处）</td><td>2×2</td><td></td><td>IT14 超差不得分</td><td></td><td></td><td></td></tr>
<tr><td>8</td><td>外圆</td><td>$\phi 140$</td><td>6</td><td></td><td>IT14 超差不得分</td><td></td><td></td><td></td></tr>
<tr><td>9</td><td>圆弧</td><td>$R9$</td><td>8</td><td></td><td>IT14 超差不得分</td><td></td><td></td><td></td></tr>
<tr><td>10</td><td>倒角</td><td>1.5×30°</td><td>2</td><td></td><td>IT14 超差不得分</td><td></td><td></td><td></td></tr>
<tr><td>11</td><td>表面粗糙度</td><td>$Ra3.2$ μm（12 处）</td><td></td><td>12×2</td><td>超差不得分</td><td></td><td></td><td></td></tr>
<tr><td>12</td><td rowspan="3">设备及工、量、刃、夹具的使用维护</td><td>正确规范使用工、量、刃、夹具并进行合理保养及维护</td><td colspan="2" rowspan="3">10</td><td>不符合要求酌情扣 1～10 分</td><td></td><td></td><td></td></tr>
<tr><td>13</td><td>正确规范使用设备，合理保养及维护设备</td><td>不符合要求酌情扣 1～10 分</td><td></td><td></td><td></td></tr>
<tr><td>14</td><td>操作姿势、动作正确</td><td>不符合要求酌情扣 1～10 分</td><td></td><td></td><td></td></tr>
</table>

续表

序号	考核项目	考核内容及要求	配分 IT　Ra	评分标准	检测结果 IT　Ra	得分
15	安全与其他	按国家颁布的有关法规或企业制定的有关规定，安全文明生产	10	一项不符合要求扣2分，发生较大事故取消考核资格		
16		操作、工艺规范正确		一处不符合要求扣2分		
17		工作服正确穿戴		一处不符合要求扣2分		
18		工件各表面无缺陷		不符合要求扣1～8分		
19		按机械制造企业环保管理有关规定，环保处理		不符合要求扣1～10分		
总分			100			

学习活动4　螺旋式组合哑铃装配及误差分析

学习目标

1. 能正确规范地组装螺旋式组合哑铃。

2. 能正确规范地检测螺旋式组合哑铃的整体质量。

3. 能根据螺旋式组合哑铃检测结果，分析误差产生的原因，并提出改进措施。

建议学时：4学时。

学习过程

一、检测螺旋式组合哑铃质量

对工件进行检测，并将结果填写在表3—4—1中。

表3—4—1　　螺旋式组合哑铃检测表

序号	零件名称	检测内容	检测方法	检测结果	结论
1	螺纹连接杆	表面粗糙度			
		工件整洁			
2	重件1	工件重量			
		表面粗糙度			
		工件整洁			
3	重件2	工件重量			
		表面粗糙度			
		工件整洁			

续表

序号	零件名称	检测内容	检测方法	检测结果	结论
4	重件 3	工件重量			
		表面粗糙度			
		工件整洁			
5	重件 4	工件重量			
		表面粗糙度			
		工件整洁			

二、误差分析

根据检测结果进行误差分析，将分析结果填写在表 3—4—2 中。

表 3—4—2　　误差分析表

测量内容		零件名称	
测量工具和仪器		测量人员	
班　　级		日　　期	

一、测量目的

二、测量步骤

三、测量要领

续表

四、结论（误差分析）		
质量问题	产生原因	改进措施
外形尺寸误差		
形位误差		
表面粗糙度误差		
其他误差		

（注：零件误差较大填写在表格，符合要求不写，多套零件不达要求，可另制表格填写）

三、拓展学习

1．如果要加工一套指定重量的哑铃，应如何安排加工工艺去保证哑铃重量？

2．哑铃图样上有 8 个零件形状相同，在加工过程中如何提高生产效率？

3．螺纹连接杆抓手部位如果要增加网纹滚花或橡胶套，应该采用哪一种，为什么?

4．对零件的表面处理可选用哪些方法? 其中哪一种最好? 为什么?

学习活动5　工作总结与评价

学习目标

1. 能按分组情况，分别派代表展示工作成果，说明本次任务的完成情况，并作分析总结。

2. 能结合自身任务完成情况，正确规范撰写工作总结（心得体会）。

3. 能就本次任务中出现的问题提出改进措施。

4. 能对学习与工作进行反思总结，并能与他人开展良好合作，进行有效的沟通。

建议学时：2学时。

学习过程

一、展示与评价

把个人制作好的螺旋式组合哑铃先进行分组展示，再由小组推荐代表做必要的介绍。在展示过程中，以组为单位进行评价；评价完成后，根据其他组成员对本组展示成果的评价意见进行归纳总结。完成如下项目：

（1）展示的螺旋式组合哑铃符合技术标准吗？

合格□　　不良□　　返修□　　报废□

（2）与其他组相比，本小组的螺旋式组合哑铃工艺你认为：

工艺优化□　　工艺合理□　　工艺一般□

（3）本小组介绍成果表达是否清晰？

很好□　　一般，常补充□　　不清晰□

（4）本小组演示螺旋式组合哑铃检测方法操作正确吗？

正确□　　部分正确□　　不正确□

（5）本小组演示操作时遵循了“6S”的工作要求吗？

符合工作要求□　　忽略了部分要求□　　完全没有遵循□

（6）本小组成员的团队创新精神如何？

良好□　　一般□　　不足□

二、自评总结（心得体会）

三、教师评价

1. 找出各组的优点点评。

2. 对任务完成过程中各组的缺点进行点评，提出改进的方法。

3. 对整个任务完成过程中出现的亮点和不足进行点评。

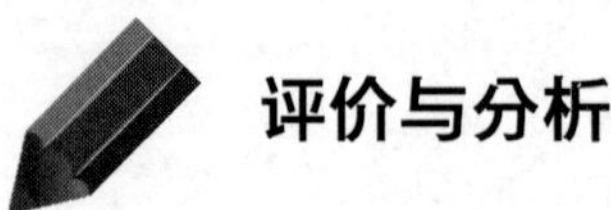

评价与分析

学习任务三评价表

班级________ 学生姓名________ 学号________

项目	自我评价			小组评价			教师评价		
	10~9	8~6	5~1	10~9	8~6	5~1	10~9	8~6	5~1
	占总评 10%			占总评 30%			占总评 60%		
学习活动 1									
学习活动 2									
学习活动 3									
学习活动 4									
学习活动 5									
协作精神									
纪律观念									
表达能力									
工作态度									
拓展能力									
小计									
总评									

任课教师：________ ______年____月____日

学习任务四　加农炮制作

1. 能独立阅读生产任务单，正确分析加农炮零件图样，正确识读加农炮工艺卡，制定合理的工作进度计划。

2. 能根据零件图样，结合生产现场条件，查阅切削手册，确定零件车削和铣削加工步骤，正确规范地制定加农炮零件的车削和铣削加工工序卡。

3. 能根据加农炮图样工艺要求，正确规范地领取材料和工、量、刃、夹具。

4. 能根据操作提示，严格按照机床操作规程完成加农炮零件的加工，对加工完成的零件进行质量检测，并对加工中出现的问题提出改进措施。

5. 能按国家环保相关规定和安全文明生产要求整理现场，合理保养维护工、量、刃、夹具及设备，正确处置废油液等废弃物；能严格按照车间管理规定，正确规范地交接班和保养车床。

6. 能正确规范地选择和使用工、量具检测加农炮的整体质量，并根据检测结果，分析误差产生的原因，并提出改进措施。

7. 能主动获取有效信息，对学习与工作进行反思总结，并能与他人开展良好合作，进行有效的沟通。

80 学时。

某工艺品设计单位设计了一套“加农炮”玩具，委托我单位加工制造，数量为 30 套，

工期为 20 天，客户提供样件、图样和材料。现生产部门安排我机械加工组完成此任务。

工作流程与活动

1. 加农炮加工任务分析（16 学时）
2. 加农炮加工工序编制（14 学时）
3. 加农炮加工（40 学时）
4. 加农炮装配及误差分析（6 学时）
5. 工作总结与评价（4 学时）

学习活动1　加农炮加工任务分析

学习目标

1. 能独立阅读生产任务单，明确产品名称、材料、数量和工期等要求，叙述加农炮的主要用途和种类。

2. 能正确分析加农炮零件图样，明确结构特点、表面粗糙度、几何公差等加工要求。

3. 能根据图样要求，正确识读加农炮工艺卡，明确加工所需的工、量、刃、夹具。

4. 能依据任务要求，制定合理的工作进度计划。

建议学时：16学时。

学习过程

领取加农炮的生产任务单、零件图样和工艺卡，明确本次加工任务的内容。

一、阅读生产任务单

表4—1—1　　生产任务单

需方单位名称				完成日期	年　月　日
序号	产品名称	材料	数量	技术标准、质量要求	
1	加农炮	见图样	30套	按图样要求	
2					
3					

续表

序号	产品名称	材料	数量	技术标准、质量要求		
4						
生产批准时间		年　月　日	批准人			
通知任务时间		年　月　日	发单人			
接单时间		年　月　日	接单人		生产班组	机械加工组

叙述加农炮的主要用途和种类。

图 4—1—1　加农炮

（1）主要用途

（2）种类

二、分析零件图样

1. 分析加农炮零件 1——炮管图样

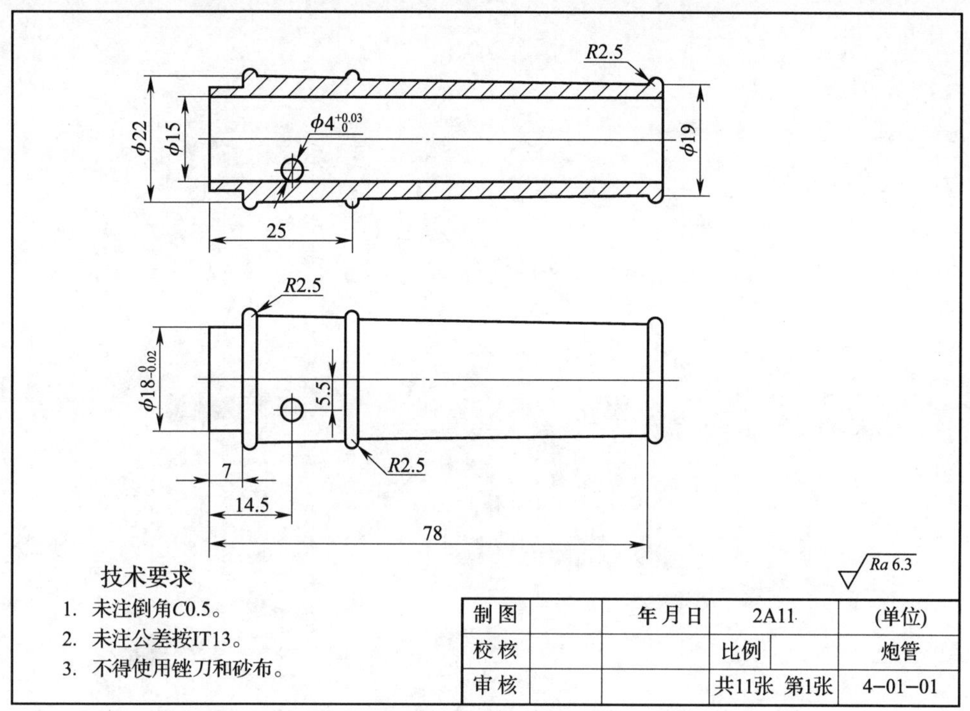

图 4—1—2　炮管图样

（1）叙述炮管的结构组成及各部分的作用。

（2）计算炮管的锥度（大径为 $\phi22$，小径为 $\phi19$）。

（3）叙述 $\phi4^{+0.03}_{0}$ 内孔的位置尺寸及其用途。

（4）2A11 是什么材料？列出其化学成分。

2. 分析加农炮零件 2——炮管座图样

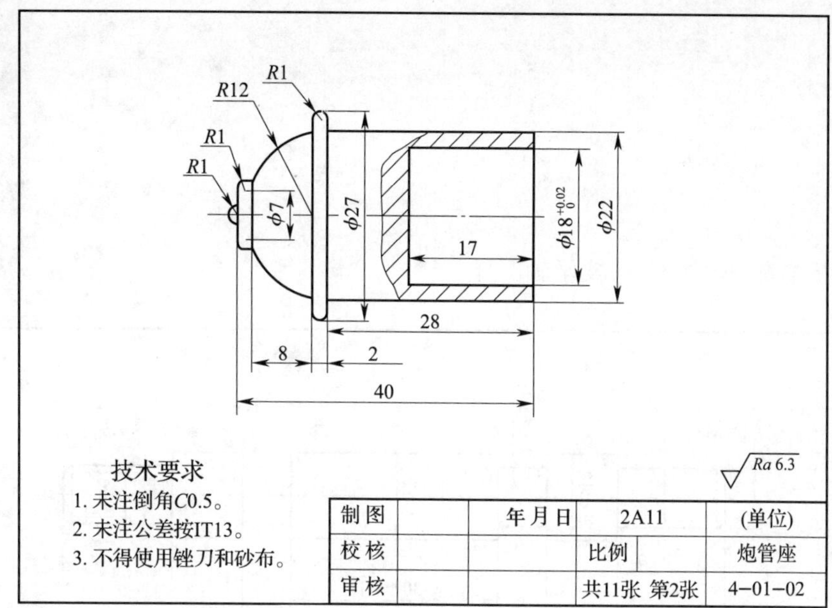

图 4—1—3　炮管座图样

（1）叙述炮管座的结构组成及各部分的作用。

（2）根据计算的炮管的锥度，若炮管座小径为 φ22，长度为 28，计算炮管座大径。

（3）叙述炮管座 $\phi18^{+0.02}_{0}$ 内孔和炮管 $\phi18^{0}_{-0.02}$ 外圆的作用。

3．分析加农炮零件 3——支承轴图样

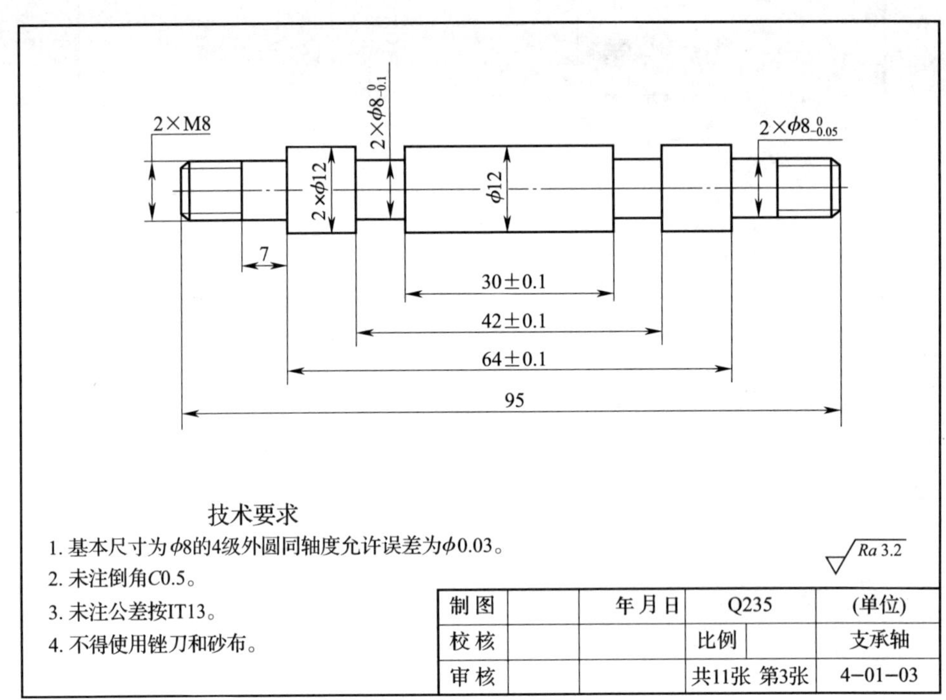

制图		年月日	Q235		(单位)
校核			比例		支承轴
审核			共11张 第3张		4-01-03

图 4—1—4　支承轴图样

（1）叙述支承轴的结构组成及各部分的作用。

（2）为什么基本尺寸为 $\phi8$ 的 4 级外圆同轴度允许误差为 $\phi0.03$？

（3）结合支承轴用途，叙述长度尺寸 11、6、30 有公差要求，而长度尺寸 42、64 没有公差要求的设计意义。

4. 分析加农炮零件 4——连接轴的图样

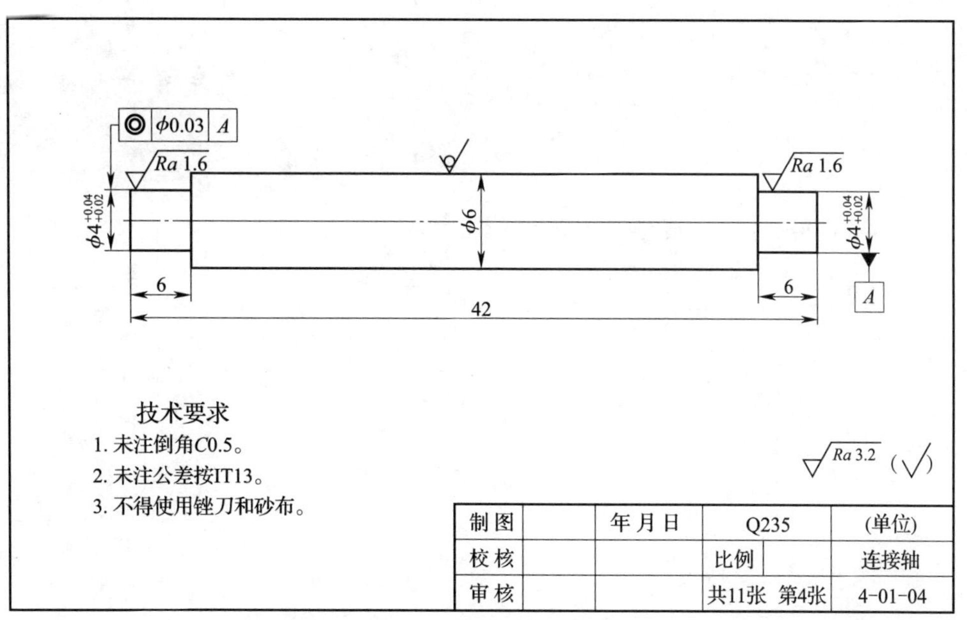

图 4—1—5　连接轴图样

（1）叙述连接轴的用途及其加工数量。

（2）为什么两端 $\phi 4$ 外圆有同轴度要求？

（3）为什么两端 $\phi 4$ 外圆的公差取正值？

（4）叙述连接轴外圆长度与支承轴的关系。

5．分析加农炮零件 5——炮耳图样

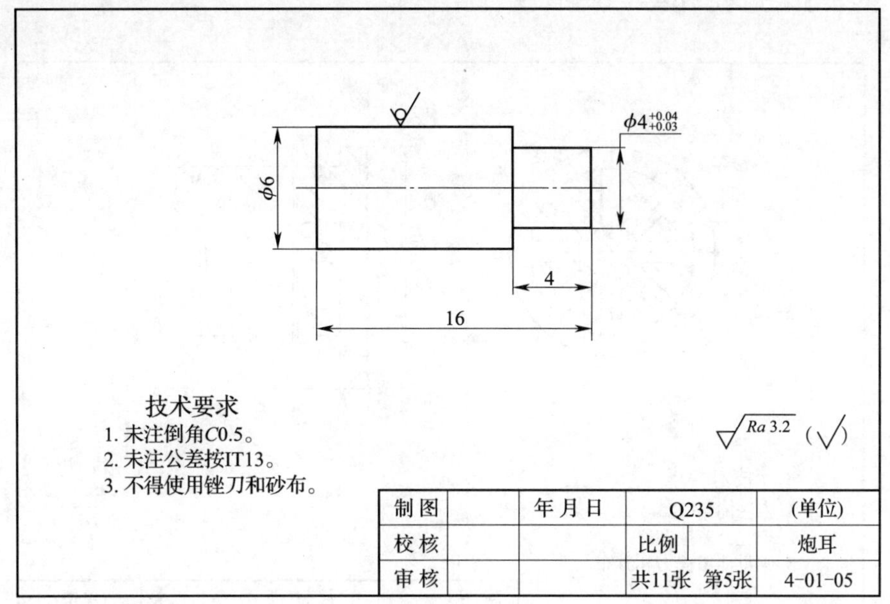

图 4—1—6　炮耳图样

（1）叙述炮耳的用途及其加工数量。

（2）为什么 $\phi4$ 外圆的公差取正值？

6. 分析加农炮零件6——轴套图样

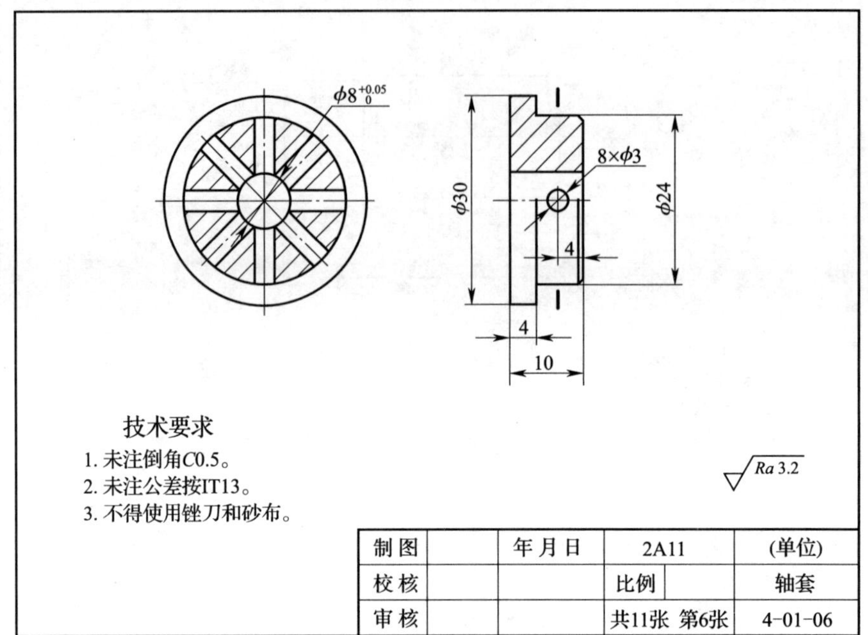

图 4—1—7　轴套图样

（1）叙述轴套的结构组成及各部分的作用。

（2）叙述轴套在加农炮中的用途及其加工数量。

(3) 计算 8 个 ϕ8 内孔的位置角度。

7. 分析加农炮零件 7——固定螺母图样

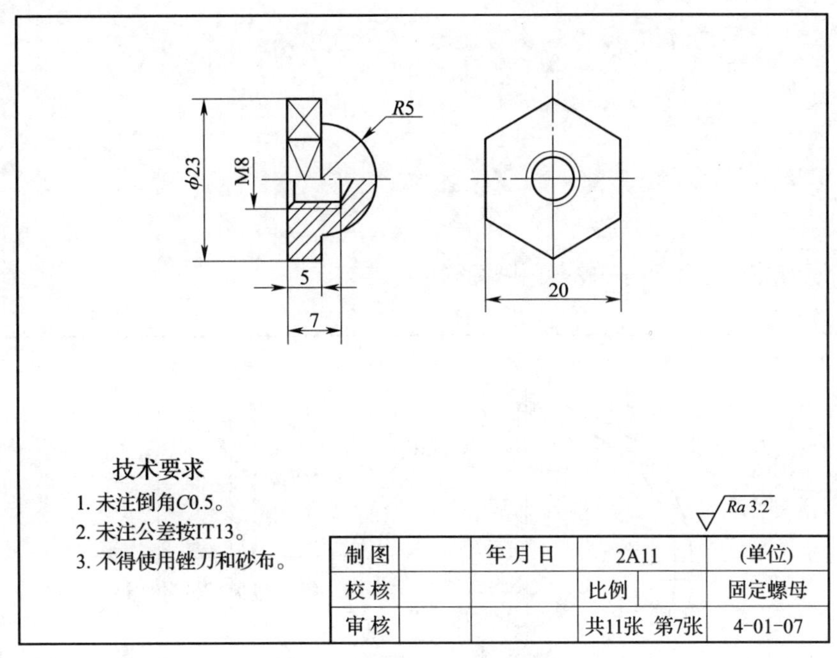

图 4—1—8　固定螺母图样

(1) 叙述固定螺母的结构组成及各部分的作用。

（2）叙述固定螺母在加农炮中的作用及其加工数量。

（3）叙述固定螺母与标准螺母 M8 的区别。

8．分析加农炮零件 8——轮毂内圈图样

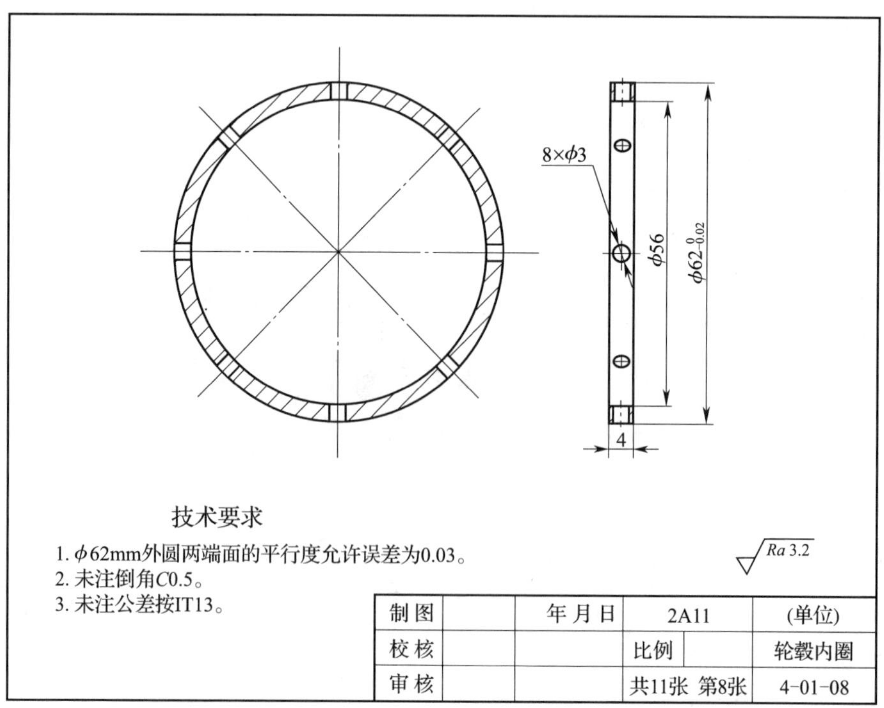

图 4—1—9　轮毂内圈图样

（1）叙述轮毂内圈在加农炮中的用途及其加工数量。

（2）为什么 $\phi62$ 外圆两端面平行度允许误差为 0.03？

9．分析加农炮零件 9——轮毂外圈图样

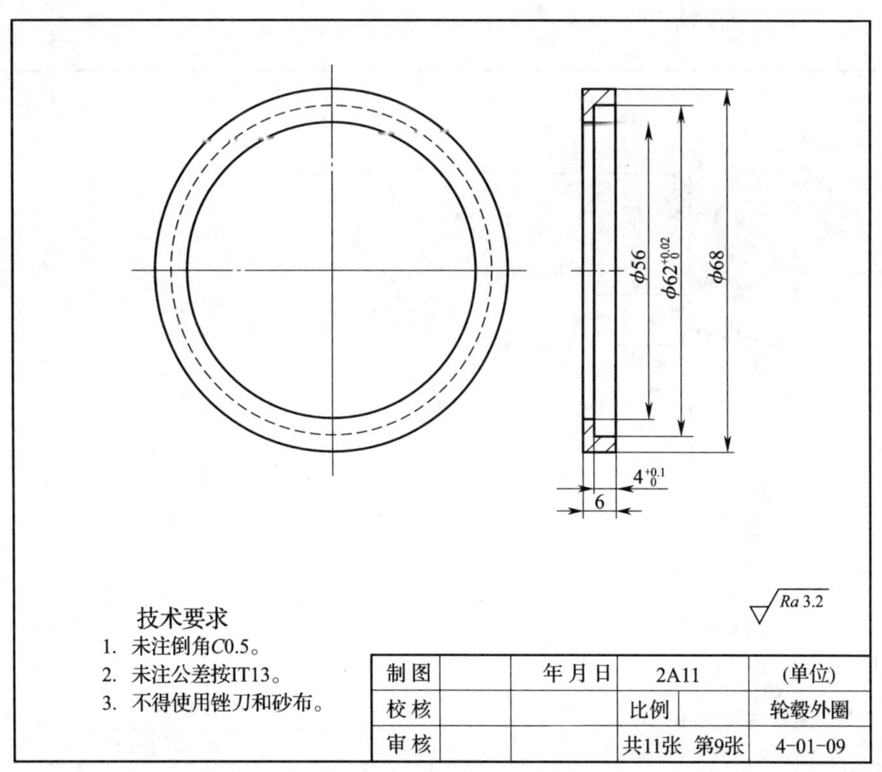

图 4—1—10　轮毂外圈图样

（1）叙述轮毂外圈在加农炮中的用途及其加工数量。

（2）为什么长度 4 只有 0.1 的正向偏差，而不取正负偏差？

10. 分析加农炮零件 10——支架图样

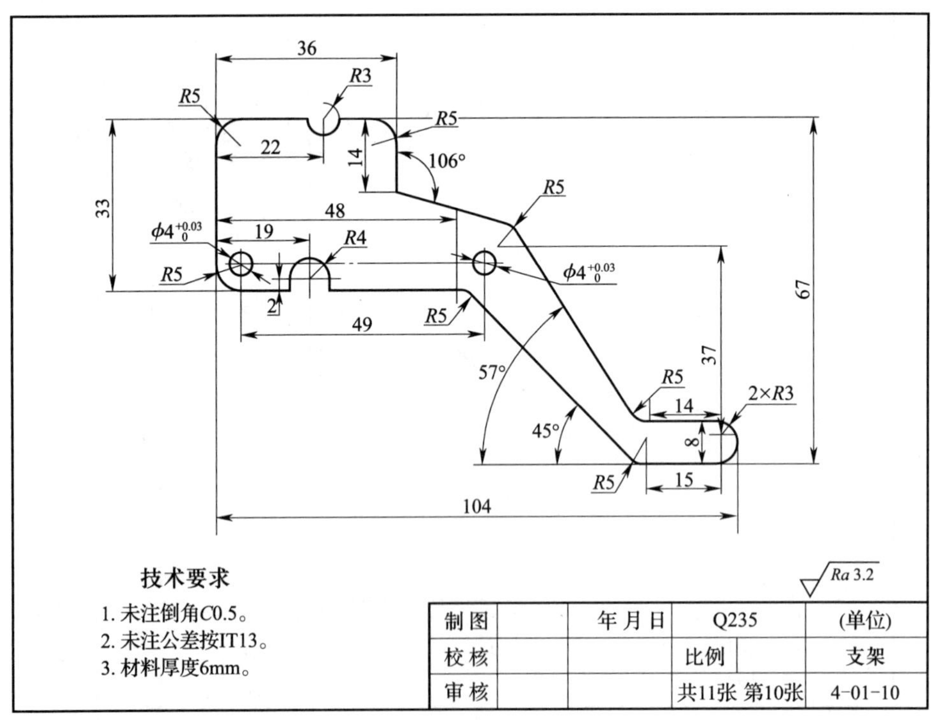

制 图		年 月 日	Q235		(单位)
校 核			比例		支架
审 核			共11张 第10张		4-01-10

图 4—1—11　支架图样

（1）叙述支架在加农炮中的用途及其加工数量。

（2）根据 IT13 级，列出 104、67、33、36、49 等尺寸的公差。

（3）分别列出 ϕ4 内孔、R3 凹圆弧、R4 凹圆弧的作用。

11．分析加农炮零件 11——辐条图样

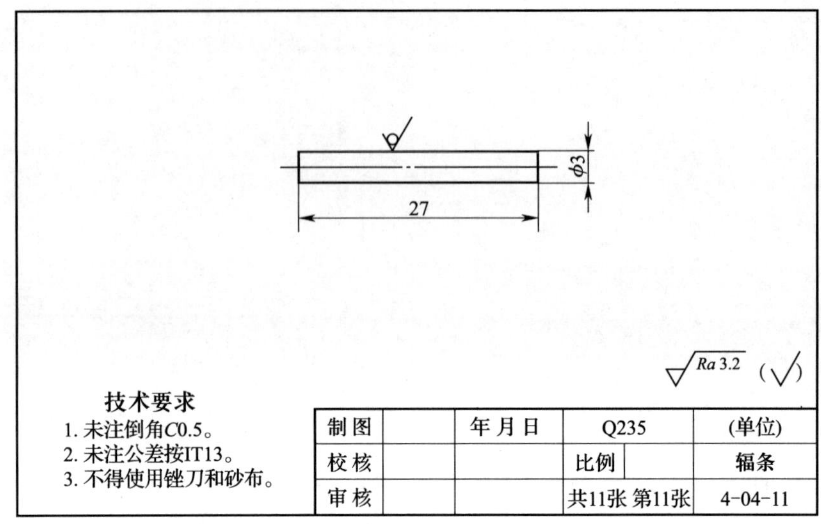

图 4—1—12　辐条图样

（1）叙述辐条在加农炮中的用途及其加工数量。

（2）查阅轴套、轮毂内圈、轮毂外圈的相关尺寸，叙述辐条总长 27 的由来。

三、识读工艺卡

1. 识读加农炮零件1——炮管工艺卡

表4—1—2 炮管工艺卡

单位名称		产品名称		加农炮		图号	4-01-01
		零件名称		炮管	数量	30	第1页
材料种类	硬铝	材料牌号	2A11	毛坯尺寸		ϕ30 mm×85 mm	共1页

工序号	工序内容	车间	设备	工具			计划工时	实际工时
				夹具	量具	刃具		
01	下料 ϕ30 mm×85 mm	金	锯床	机用 平口钳	钢直尺	锯条	20 min	
10	车削炮管	车	CA6140	三爪 自定心 卡盘	游标卡尺 千分尺 半径样板 游标万能角度尺	外圆车刀 圆头车刀 麻花钻	180 min	
20	钻孔 ϕ4	钳	钻床	台虎钳 专用夹具	游标卡尺	麻花钻	10 min	
30	检验	检验室			游标卡尺 千分尺 半径样板		20 min	

更改号		拟定	校正	审核	批准
更改者					
日期					

（1）结合工艺卡和所学知识，工序10车削炮管，拟将采用数控车床车削加工，还是普通车床车削加工？并列出两种车削方法所选择的刀具。

（2）根据炮管加工要求，绘出钻 ϕ4 孔的专用夹具图样，并叙述其工作原理。

（3）根据图样与工艺分析，在表 4—1—3 中列出加工炮管所使用的刀具、夹具及量具的名称、型号规格和用途。

表 4—1—3　　加工炮管的刀具、夹具及量具

类别	名称	型号规格	用途
刀具			
夹具			
量具			

2. 识读加农炮零件 2——炮管座工艺卡

表 4—1—4　　炮管座工艺卡

单位名称		产品名称			加农炮		图号		4-01-02
		零件名称			炮管座	数量	30		第 1 页
材料种类	硬铝	材料牌号	2A11	毛坯尺寸		ϕ30 mm×45 mm			共 1 页
工序号	工序内容	车间	设备	工具				计划工时	实际工时
				夹具	量具		刃具		
01	下料 ϕ30 mm×45 mm	金	锯床	机用 平口钳	钢直尺		锯条	20 min	
10	车削炮管座	车	CA6140	三爪 自定心 卡盘	游标卡尺 千分尺 半径样板 游标万能角度尺		外圆车刀 圆头车刀 麻花钻	120 min	
20	检验	检验室			游标卡尺 千分尺 半径样板			20 min	
更改号		拟定		校正		审核		批准	
更改者									
日期									

（1）结合工艺卡和所学知识，工序 10 车削炮管座，拟将采用数控车床车削加工，还是普通车床车削加工？并列出两种车削方法所选择的刀具。

（2）根据图样与工艺分析，在表4—1—5中列出加工炮管座所使用的刀具、夹具及量具的名称、型号规格和用途。

表4—1—5 加工炮管座的刀具、夹具及量具

类别	名称	型号规格	用途
刀具			
夹具			
量具			

3. 识读加农炮零件3——支承轴工艺卡

表4—1—6 支承轴工艺卡

<table>
<tr><td rowspan="2">单位名称</td><td rowspan="2"></td><td colspan="3">产品名称</td><td colspan="2">加农炮</td><td>图号</td><td>4－01－03</td></tr>
<tr><td colspan="3">零件名称</td><td>支承轴</td><td>数量</td><td>30</td><td>第1页</td></tr>
<tr><td>材料种类</td><td>冷拉钢</td><td>材料牌号</td><td>Q235</td><td colspan="2">毛坯尺寸</td><td colspan="2">φ12 mm×100 mm</td><td>共1页</td></tr>
<tr><td rowspan="2">工序号</td><td rowspan="2">工序内容</td><td rowspan="2">车间</td><td rowspan="2">设备</td><td colspan="3">工具</td><td rowspan="2">计划工时</td><td rowspan="2">实际工时</td></tr>
<tr><td>夹具</td><td>量具</td><td>刃具</td></tr>
<tr><td>01</td><td>下料
φ12 mm×100 mm</td><td>金</td><td>锯床</td><td>机用
平口钳</td><td>钢直尺</td><td>锯条</td><td>20 min</td><td></td></tr>
<tr><td>10</td><td>车削支承轴</td><td>车</td><td>CA6140</td><td>三爪
自定心
卡盘</td><td>游标卡尺
千分尺
螺纹样板</td><td>外圆车刀
车槽刀</td><td>180 min</td><td></td></tr>
</table>

续表

工序号	工序内容	车间	设备	工具			计划工时	实际工时
				夹具	量具	刃具		
20	检验	检验室			游标卡尺 千分尺 螺纹样板		20 min	

更改号		拟定	校正	审核	批准
更改者					
日期					

（1）结合工艺卡和所学知识，工序 10 车削支承轴，拟将采用数控车床车削加工，还是普通车床车削加工？并列出两种车削方法所选择的刀具。

（2）根据支承轴加工要求，应选择多大螺纹样板测量？叙述螺纹样板的使用方法。

（3）什么叫冷拉钢?

（4）根据图样与工艺分析，在表 4—1—7 中列出加工支承轴所使用的刀具、夹具及量具的名称、型号规格和用途。

表 4—1—7　　加工支承轴的刀具、夹具及量具

类别	名称	型号规格	用途
刀具			
夹具			
量具			

4．识读加农炮零件 4——连接轴工艺卡

表 4—1—8　　连接轴工艺卡

<table>
<tr><td rowspan="2">单位名称</td><td rowspan="2"></td><td colspan="3">产品名称</td><td colspan="2">加农炮</td><td colspan="2">图号</td><td>4-01-04</td></tr>
<tr><td colspan="3">零件名称</td><td>连接轴</td><td>数量</td><td colspan="2">60</td><td>第 1 页</td></tr>
<tr><td>材料种类</td><td>冷拉钢</td><td>材料牌号</td><td colspan="2">Q235</td><td colspan="2">毛坯尺寸</td><td colspan="2">ϕ6 mm×45 mm</td><td>共 1 页</td></tr>
<tr><td rowspan="2">工序号</td><td rowspan="2">工序内容</td><td rowspan="2">车间</td><td rowspan="2">设备</td><td colspan="3">工具</td><td rowspan="2">计划工时</td><td rowspan="2">实际工时</td></tr>
<tr><td>夹具</td><td>量具</td><td>刃具</td></tr>
<tr><td>01</td><td>下料
ϕ6 mm×45 mm</td><td>金</td><td>锯床</td><td>机用
平口钳</td><td>钢直尺</td><td>锯条</td><td>10 min</td><td></td></tr>
<tr><td>10</td><td>车削连接轴</td><td>车</td><td>CA6140</td><td>三爪
自定心
卡盘</td><td>游标卡尺
千分尺</td><td>外圆车刀</td><td>40 min</td><td></td></tr>
<tr><td>20</td><td>检验</td><td>检验室</td><td></td><td></td><td>游标卡尺
千分尺</td><td></td><td>10 min</td><td></td></tr>
<tr><td>更改号</td><td></td><td>拟定</td><td>校正</td><td>审核</td><td>批准</td></tr>
<tr><td>更改者</td><td></td><td></td><td></td><td></td><td></td></tr>
<tr><td>日期</td><td></td><td></td><td></td><td></td><td></td></tr>
</table>

（1）根据连接轴加工要求，应该如何保证其同轴度要求？

（2）根据图样与工艺分析，在表 4—1—9 中列出加工连接轴所使用的刀具、夹具及量具的名称、型号规格和用途。

表 4—1—9　　　　加工连接轴的刀具、夹具及量具

类别	名称	型号规格	用途
刀具			
夹具			
量具			

5. 识读加农炮零件 5——炮耳工艺卡

表 4—1—10　　　　炮耳工艺卡

<table>
<tr><td colspan="2" rowspan="2">单位名称</td><td rowspan="2"></td><td colspan="5">产品名称</td><td colspan="2">加农炮</td><td colspan="2">图号</td><td>4 - 01 - 05</td></tr>
<tr><td colspan="5">零件名称</td><td>炮耳</td><td>数量</td><td colspan="2">60</td><td>第 1 页</td></tr>
<tr><td colspan="2">材料种类</td><td>冷拉钢</td><td colspan="2">材料牌号</td><td colspan="2">Q235</td><td colspan="2">毛坯尺寸</td><td colspan="3">ϕ6 mm × 20 mm</td><td>共 1 页</td></tr>
<tr><td rowspan="2">工序号</td><td colspan="2" rowspan="2">工序内容</td><td rowspan="2">车间</td><td colspan="2" rowspan="2">设备</td><td colspan="5">工具</td><td rowspan="2">计划工时</td><td rowspan="2">实际工时</td></tr>
<tr><td colspan="2">夹具</td><td>量具</td><td colspan="2">刃具</td></tr>
<tr><td>01</td><td colspan="2">下料
ϕ6 mm × 20 mm</td><td>金</td><td colspan="2">锯床</td><td colspan="2">机用
平口钳</td><td>钢直尺</td><td colspan="2">锯条</td><td>20 min</td><td></td></tr>
</table>

续表

工序号	工序内容	车间	设备	工具			计划工时	实际工时
				夹具	量具	刃具		
10	车削炮耳	车	CA6140	三爪自定心卡盘	游标卡尺 千分尺	外圆车刀	40 min	
20	检验	检验室			游标卡尺 千分尺		20 min	

更改号		拟定	校正	审核	批准
更改者					
日期					

根据图样与工艺分析，在表 4—1—11 中列出加工炮耳所使用的刀具、夹具及量具的名称、型号规格和用途。

表 4—1—11　　加工炮耳的刀具、夹具及量具

类别	名称	型号规格	用途
刀具			
夹具			
量具			

6. 识读加农炮零件 6——轴套工艺卡

表 4—1—12 轴套工艺卡

单位名称		产品名称		加农炮		图号		4－01－06
		零件名称		轴套	数量	60		第 1 页
材料种类	硬铝	材料牌号	2A11	毛坯尺寸		ϕ32 mm×15 mm		共 1 页
工序号	工序内容	车间	设备	工具			计划工时	实际工时
				夹具	量具	刃具		
01	下料 ϕ32 mm×15 mm	金	锯床	机用 平口钳	钢直尺	锯条	20 min	
10	车削轴套	车	CA6140	三爪 自定心 卡盘	游标卡尺 千分尺	外圆车刀 麻花钻 铰刀	40 min	
20	钻孔 ϕ3	钳	钻床	专用夹具	游标卡尺	麻花钻	40 min	
30	检验	检验室			游标卡尺 千分尺		20 min	

更改号		拟定	校正	审核	批准
更改者					
日期					

（1）结合工艺卡和所学知识，工序 10 车削轴套，拟将采用数控车床车削加工，还是普通车床车削加工？并列出两种车削方法所选择的刀具。

（2）根据轴套加工要求，绘出钻 $\phi 3$ 孔的专用夹具图样，并叙述其工作原理。

（3）根据图样与工艺分析，在表 4—1—13 中列出加工轴套所使用的刀具、夹具及量具的名称、型号规格和用途。

表 4—1—13　加工轴套的刀具、夹具及量具

类别	名称	型号规格	用途
刀具			
夹具			
量具			

7．识读加农炮零件 7——固定螺母工艺卡

表 4—1—14　　固定螺母工艺卡

<table>
<tr><td rowspan="2">单位名称</td><td rowspan="2"></td><td colspan="2">产品名称</td><td colspan="2">加农炮</td><td colspan="2">图号</td><td>4－01－07</td></tr>
<tr><td colspan="2">零件名称</td><td>固定螺母</td><td>数量</td><td colspan="2">60</td><td>第 1 页</td></tr>
<tr><td>材料种类</td><td>硬铝</td><td>材料牌号</td><td>2A11</td><td>毛坯尺寸</td><td colspan="3">ϕ25 mm × 15 mm</td><td>共 1 页</td></tr>
<tr><td rowspan="2">工序号</td><td rowspan="2">工序内容</td><td rowspan="2">车间</td><td rowspan="2">设备</td><td colspan="3">工具</td><td rowspan="2">计划工时</td><td rowspan="2">实际工时</td></tr>
<tr><td>夹具</td><td>量具</td><td>刃具</td></tr>
<tr><td>01</td><td>下料
ϕ25 mm × 15 mm</td><td>金</td><td>锯床</td><td>机用
平口钳</td><td>钢直尺</td><td>锯条</td><td>20 min</td><td></td></tr>
<tr><td>10</td><td>车削固定螺母</td><td>车</td><td>CA6140</td><td>三爪
自定心
卡盘</td><td>游标卡尺
千分尺
半径样板</td><td>外圆车刀
圆头车刀
麻花钻
丝锥</td><td>60 min</td><td></td></tr>
<tr><td>20</td><td>铣削六方</td><td>铣</td><td>铣床</td><td>台虎钳</td><td>游标卡尺
游标万能角度尺</td><td>铣刀</td><td>60 min</td><td></td></tr>
<tr><td>30</td><td>检验</td><td>检验室</td><td></td><td></td><td>游标卡尺
千分尺
半径样板</td><td></td><td>20 min</td><td></td></tr>
</table>

更改号		拟定	校正	审核	批准
更改者					
日期					

（1）根据固定螺母加工要求，叙述铣削加工六方的方法。

（2）结合企业成本核算，根据固定螺母的图样与工艺处理方法，在实际生产中如何选择更符合经济效益?

（3）根据图样与工艺分析，在表4—1—15中列出加工固定螺母所使用的刀具、夹具及量具的名称、型号规格和用途。

表4—1—15　加工固定螺母的刀具、夹具及量具

类别	名称	型号规格	用途
刀具			
夹具			
量具			

8. 识读加农炮零件8——轮毂内圈工艺卡

表4—1—16 轮毂内圈工艺卡

单位名称			产品名称			加农炮		图号	4-01-08
			零件名称			轮毂内圈	数量	60	第1页
材料种类		硬铝	材料牌号	2A11		毛坯尺寸	ϕ65 mm×ϕ52 mm×200 mm		共1页

工序号	工序内容	车间	设备	工具			计划工时	实际工时
				夹具	量具	刃具		
01	下料 ϕ65 mm×ϕ52 mm×200 mm	金	锯床	机用平口钳	钢直尺	锯条	20 min	
10	车削轮毂内圈	车	CA6140	三爪自定心卡盘	游标卡尺 千分尺 游标万能角度尺	外圆车刀 内孔车刀	30 min	
20	钻孔 ϕ3	钳	钻床	专用夹具	游标卡尺	钻头	40 min	
30	检验	检验室			游标卡尺 千分尺		20 min	

更改号		拟定	校正	审核	批准
更改者					
日期					

（1）通过轮毂内圈图样可以看出，钻 ϕ3 小孔后，单边厚度只有0.5 mm，为保证 ϕ3 内孔不钻偏，设计钻孔时的专用夹具图样。

（2）叙述“下料 ϕ65 mm × ϕ52 mm × 200 mm”的含义。

（3）根据图样与工艺分析，在表 4—1—17 中列出加工轮毂内圈所使用的刀具、夹具及量具的名称、型号规格和用途。

表 4—1—17　　加工轮毂内圈的刀具、夹具及量具

类别	名称	型号规格	用途
刀具			
夹具			
量具			

9. 识读加农炮零件9——轮毂外圈工艺卡

表4—1—18 轮毂外圈工艺卡

<table>
<tr><td colspan="2" rowspan="2">单位名称</td><td rowspan="2"></td><td colspan="2">产品名称</td><td colspan="2">加农炮</td><td>图号</td><td>4-01-09</td></tr>
<tr><td colspan="2">零件名称</td><td>轮毂外圈</td><td>数量</td><td>60</td><td>第1页</td></tr>
<tr><td colspan="2">材料种类</td><td>硬铝</td><td>材料牌号</td><td>2A11</td><td>毛坯尺寸</td><td colspan="2">ϕ72 mm×ϕ52 mm×200 mm</td><td>共1页</td></tr>
<tr><td rowspan="2">工序号</td><td rowspan="2">工序内容</td><td rowspan="2">车间</td><td rowspan="2">设备</td><td colspan="3">工具</td><td rowspan="2">计划工时</td><td rowspan="2">实际工时</td></tr>
<tr><td>夹具</td><td>量具</td><td>刃具</td></tr>
<tr><td>01</td><td>下料ϕ72 mm×ϕ52 mm×200 mm</td><td>金</td><td>锯床</td><td>机用
平口钳</td><td>钢直尺</td><td>锯条</td><td>20 min</td><td></td></tr>
<tr><td>10</td><td>车削轮毂外圈</td><td>车</td><td>CA6140</td><td>三爪
自定心
卡盘</td><td>游标卡尺
千分尺
内卡钳</td><td>外圆车刀
内孔车刀</td><td>30 min</td><td></td></tr>
<tr><td>20</td><td>检验</td><td>检验室</td><td></td><td></td><td>游标卡尺
千分尺
轮毂内圈</td><td></td><td>10 min</td><td></td></tr>
<tr><td colspan="2">更改号</td><td colspan="2"></td><td>拟定</td><td>校正</td><td>审核</td><td colspan="2">批准</td></tr>
<tr><td colspan="2">更改者</td><td colspan="2"></td><td></td><td></td><td></td><td colspan="2"></td></tr>
<tr><td colspan="2">日期</td><td colspan="2"></td><td></td><td></td><td></td><td colspan="2"></td></tr>
</table>

（1）列出所选择的千分尺的规格，并计算其测量ϕ62内孔的摆动量。

（2）根据图样与工艺分析，在表4—1—19中列出加工轮毂外圈所使用的刀具、夹具及量具的名称、型号规格和用途。

表 4—1—19　　加工轮毂外圈的刀具、夹具及量具

类别	名称	型号规格	用途
刀具			
夹具			
量具			

10. 识读加农炮零件 10——支架工艺卡

表 4—1—20　　支架工艺卡

<table>
<tr><td rowspan="2" colspan="2">单位名称</td><td rowspan="2"></td><td colspan="2">产品名称</td><td colspan="2">加农炮</td><td colspan="2">图号</td><td>4 – 01 – 10</td></tr>
<tr><td colspan="2">零件名称</td><td>支架</td><td>数量</td><td colspan="2">30</td><td>第 1 页</td></tr>
<tr><td colspan="2">材料种类</td><td>钢料</td><td>材料牌号</td><td>Q235</td><td colspan="2">毛坯尺寸</td><td colspan="2">70 mm × 110 mm × 6 mm</td><td>共 1 页</td></tr>
<tr><td rowspan="2">工序号</td><td rowspan="2">工序内容</td><td rowspan="2">车间</td><td rowspan="2">设备</td><td colspan="3">工具</td><td rowspan="2">计划工时</td><td rowspan="2" colspan="2">实际工时</td></tr>
<tr><td>夹具</td><td>量具</td><td>刃具</td></tr>
<tr><td>01</td><td>下料 70 mm × 110 mm × 6 mm</td><td>金</td><td>锯床</td><td>机用平口钳</td><td>钢直尺</td><td>锯条</td><td>20 min</td><td colspan="2"></td></tr>
<tr><td>10</td><td>划线</td><td>钳</td><td>台虎钳</td><td></td><td>钢直尺
游标深度尺
游标万能角度尺</td><td>划针
锤子</td><td>30 min</td><td colspan="2"></td></tr>
</table>

续表

工序号	工序内容	车间	设备	工具			计划工时	实际工时
				夹具	量具	刃具		
20	铣削支架	铣	铣床	台虎钳	游标卡尺 千分尺 半径样板 游标万能角度尺	铣刀	180 min	
30	检验	检验室			游标卡尺 千分尺 半径样板		20 min	

更改号		拟定	校正	审核	批准
更改者					
日期					

（1）绘出支架草图，叙述其划线基准和划线方法。

（2）根据绘出的支架草图，叙述铣削加工时的测量基准。

（3）根据图样与工艺分析，在表 4—1—21 中列出加工支架所使用的刀具、夹具及量具的名称、型号规格和用途。

表 4—1—21　　加工支架的刀具、夹具及量具

类别	名称	型号规格	用途
刀具			
夹具			
量具			

11. 识读加农炮零件 11——辐条工艺卡

表 4—1—22　　　　辐条工艺卡

<table>
<tr><td rowspan="2">单位名称</td><td rowspan="2"></td><td colspan="3">产品名称</td><td colspan="2">加农炮</td><td>图号</td><td>4－01－11</td></tr>
<tr><td colspan="3">零件名称</td><td>辐条</td><td>数量</td><td>160</td><td>第 1 页</td></tr>
<tr><td>材料种类</td><td>冷拉钢</td><td>材料牌号</td><td>Q235</td><td colspan="2">毛坯尺寸</td><td colspan="2">$\phi3$ mm×30 mm</td><td>共 1 页</td></tr>
<tr><td rowspan="2">工序号</td><td rowspan="2">工序内容</td><td rowspan="2">车间</td><td rowspan="2">设备</td><td colspan="3">工具</td><td rowspan="2">计划工时</td><td rowspan="2">实际工时</td></tr>
<tr><td>夹具</td><td>量具</td><td>刃具</td></tr>
<tr><td>01</td><td>下料
$\phi3$ mm×30 mm</td><td>金</td><td>锯床</td><td>机用
平口钳</td><td>钢直尺</td><td>锯条</td><td>10 min</td><td></td></tr>
<tr><td>10</td><td>车削辐条</td><td>车</td><td>CA6140</td><td>三爪
自定心
卡盘</td><td>游标卡尺</td><td>外圆车刀</td><td>30 min</td><td></td></tr>
<tr><td>20</td><td>检验</td><td>检验室</td><td></td><td></td><td>游标卡尺</td><td></td><td>20 min</td><td></td></tr>
</table>

更改号		拟定	校正	审核	批准
更改者					
日期					

（1）绘出车削辐条的外圆车刀的几何形状及其角度，并叙述其与普通车刀的区别。

（2）咨询工艺设计者，采用什么工艺方法加工辐条比工艺卡给出的工艺更省成本、省时间、更环保呢？

（3）根据图样与工艺分析，在表4—1—23中列出加工辐条所使用的刀具、夹具及量具的名称、型号规格和用途。

表4—1—23　加工辐条的刀具、夹具及量具

类别	名称	型号规格	用途
刀具			
夹具			
量具			

四、制定工作进度计划

本生产任务工期为20天，依据任务要求，制定合理的工作进度计划，并根据小组成员的特点进行分工。

表 4—1—24 工作进度安排及分工

序号	工作内容	时间	成员	负责人

学习活动 2　加农炮加工工序编制

学习目标

1. 能根据零件图样，结合加工图例，确定加农炮零件车削和铣削加工步骤。

2. 能根据加工步骤，结合生产现场条件，查阅切削手册，正确规范地制定加农炮零件的车削和铣削加工工序卡。

建议学时：14 学时。

学习过程

一、制定加农炮零件 1——炮管车削加工工序卡

1. 在表 4—2—1 中，结合炮管车削加工步骤和图例填写操作内容。

表 4—2—1　　炮管车削加工步骤

操作步骤	图例	主要夹、量、刃具
1. 根据炮管图样要求，计算锥度为：______	φ22　φ19　66	
2. 用三爪自定心卡盘装夹并找正毛坯料，伸出卡爪端面 40 mm 左右；		卡盘扳手 刀架扳手 90°外圆车刀

续表

操作步骤	图例	主要夹、量、刃具
车端面，车 ϕ24 mm × 30 mm和 ϕ18 mm × 7 mm阶台，同时加工出图样上最左端 *R* ________圆弧，钻________ mm孔	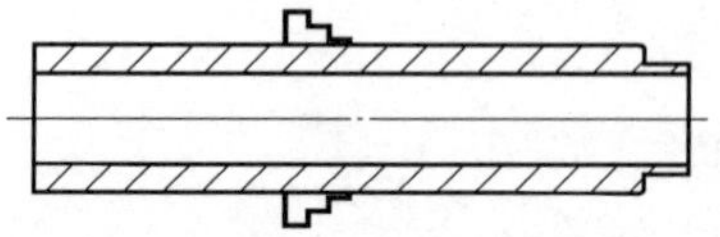	麻花钻 游标卡尺 千分尺
3. 扩孔________ mm；铰孔________ mm；并保证总长________ mm		麻花钻 铰刀 90°车刀 游标卡尺
4. 倒角________，检验		45°外圆车刀
5. 调头，夹 ϕ24 mm 外圆，找正夹紧；取总长________ mm	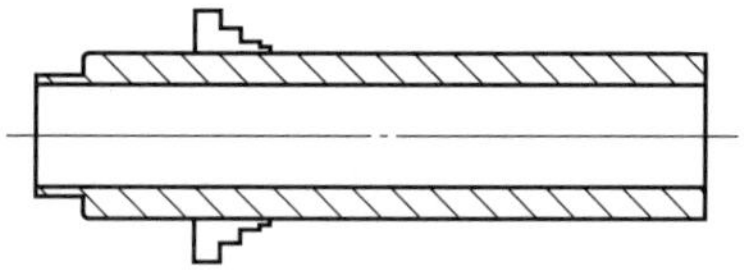	90°车刀 游标卡尺
6. 在 ϕ15 mm 内孔一端加塞，防止 ϕ18 mm 外圆变形。一夹一顶装夹；按炮管图样加工至符合要求。检验	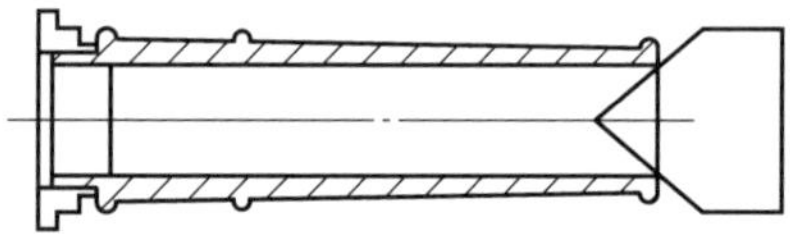	90°车刀 半径样板 游标卡尺

2. 根据炮管工艺卡工序 10 和加工步骤，制定炮管车削加工工序卡，并把炮管完成图样绘制到工序卡片的空白处。（注：如采用数控车床车削，在“工步内容”栏写上程序。）

表 4—2—2　　炮管车削加工工序卡

<table>
<tr><td rowspan="2">炮管工序卡片</td><td>产品型号</td><td></td><td>零件图号</td><td></td><td></td><td></td></tr>
<tr><td>产品名称</td><td></td><td>零件名称</td><td></td><td>共　页</td><td>第　页</td></tr>
<tr><td rowspan="3"></td><td colspan="2">车间</td><td>工序号</td><td colspan="2">工序名称</td><td>材料牌号</td></tr>
<tr><td colspan="2"></td><td></td><td colspan="2"></td><td></td></tr>
<tr><td colspan="2">毛坯种类</td><td>毛坯外形尺寸</td><td colspan="2">每毛坯可制件数</td><td>每台件数</td></tr>
</table>

续表

<table>
<tr><td colspan="2" rowspan="8"></td><td colspan="2"></td><td colspan="2"></td><td colspan="2"></td><td colspan="2"></td></tr>
<tr><td colspan="2">设备名称</td><td colspan="2">设备型号</td><td colspan="2">设备编号</td><td colspan="2">同时加工件数</td></tr>
<tr><td colspan="2"></td><td colspan="2"></td><td colspan="2"></td><td colspan="2"></td></tr>
<tr><td colspan="3">夹具编号</td><td colspan="3">夹具名称</td><td colspan="2">切削液</td></tr>
<tr><td colspan="3"></td><td colspan="3"></td><td colspan="2"></td></tr>
<tr><td colspan="2" rowspan="2">工位器具编号</td><td colspan="2" rowspan="2">工位器具名称</td><td colspan="4">工序工时（min）</td></tr>
<tr><td colspan="2">准终</td><td colspan="2">单件</td></tr>
<tr><td colspan="2"></td><td colspan="2"></td><td colspan="2"></td><td colspan="2"></td></tr>
<tr><td rowspan="2">工步号</td><td rowspan="2">工步内容</td><td rowspan="2">工艺装备</td><td rowspan="2">主轴
转速
r/min</td><td rowspan="2">切削
速度
m/min</td><td rowspan="2">进给量
mm/r</td><td rowspan="2">切削
深度
mm</td><td rowspan="2">进给
次数</td><td colspan="2">工步工时（s）</td></tr>
<tr><td>机动</td><td>辅助</td></tr>
<tr><td></td><td></td><td></td><td></td><td></td><td></td><td></td><td></td><td></td><td></td></tr>
<tr><td></td><td></td><td></td><td></td><td></td><td></td><td></td><td></td><td></td><td></td></tr>
<tr><td></td><td></td><td></td><td></td><td></td><td></td><td></td><td></td><td></td><td></td></tr>
<tr><td></td><td></td><td></td><td></td><td></td><td></td><td></td><td></td><td></td><td></td></tr>
<tr><td></td><td></td><td></td><td></td><td></td><td></td><td></td><td></td><td></td><td></td></tr>
<tr><td></td><td></td><td></td><td></td><td></td><td></td><td></td><td></td><td></td><td></td></tr>
<tr><td></td><td></td><td></td><td></td><td></td><td></td><td></td><td></td><td></td><td></td></tr>
<tr><td></td><td></td><td></td><td></td><td></td><td></td><td></td><td></td><td></td><td></td></tr>
<tr><td></td><td></td><td></td><td></td><td></td><td></td><td></td><td></td><td></td><td></td></tr>
<tr><td></td><td></td><td></td><td></td><td></td><td></td><td></td><td></td><td></td><td></td></tr>
<tr><td></td><td></td><td></td><td></td><td></td><td></td><td></td><td></td><td></td><td></td></tr>
<tr><td></td><td></td><td></td><td></td><td></td><td></td><td></td><td></td><td></td><td></td></tr>
<tr><td></td><td></td><td></td><td></td><td></td><td></td><td></td><td></td><td></td><td></td></tr>
<tr><td></td><td></td><td></td><td></td><td></td><td></td><td></td><td></td><td></td><td></td></tr>
<tr><td></td><td></td><td></td><td></td><td></td><td></td><td></td><td></td><td></td><td></td></tr>
<tr><td></td><td></td><td></td><td></td><td></td><td></td><td></td><td></td><td></td><td></td></tr>
<tr><td colspan="2" rowspan="2"></td><td colspan="2">设计
（日期）</td><td>校对
（日期）</td><td colspan="2">审核
（日期）</td><td>标准化
（日期）</td><td colspan="2">会签
（日期）</td></tr>
<tr><td colspan="2"></td><td></td><td colspan="2"></td><td></td><td colspan="2"></td></tr>
</table>

二、制定加农炮零件2——炮管座车削加工工序卡

1. 在表4—2—3中，结合炮管座车削加工步骤和图例填写操作内容。

表4—2—3 炮管座车削加工步骤

操作步骤	图例	主要夹、量、刃具
1. 根据炮管图样和炮管座图样，计算出大径为：________	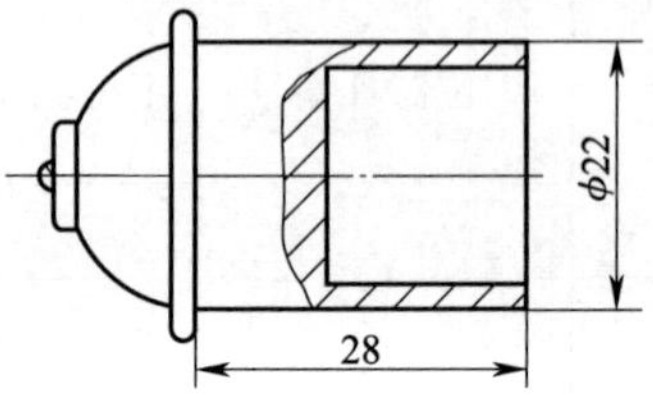 φ22 28	
2. 用三爪自定心卡盘装夹找正毛坯料，伸出卡爪端面32 mm左右；车________外圆锥，长________ mm	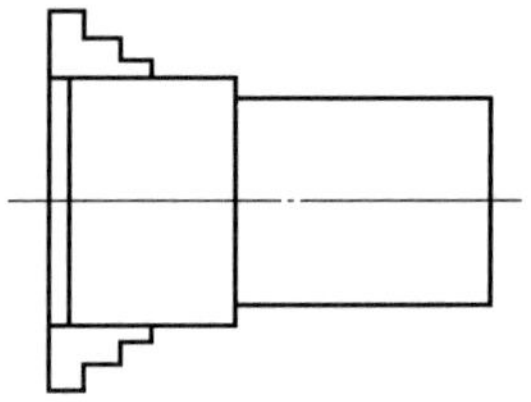	卡盘扳手 刀架扳手 90°外圆车刀 25～50 mm千分尺
3. 钻孔至15 mm深，然后镗孔至直径________ mm，深________ mm。检验	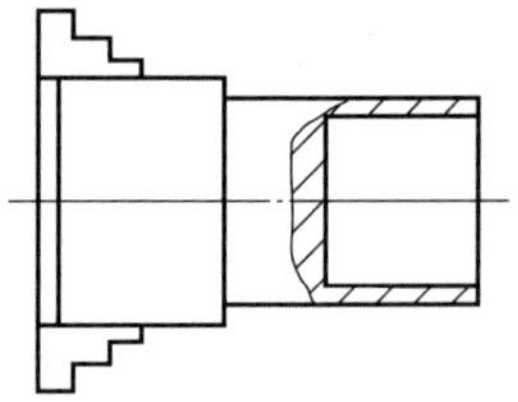	镗孔刀 麻花钻 游标卡尺
4. 加上护套夹外圆锥处，防止工件飞出和变形，粗、精车右端轮廓至图样尺寸要求。检验	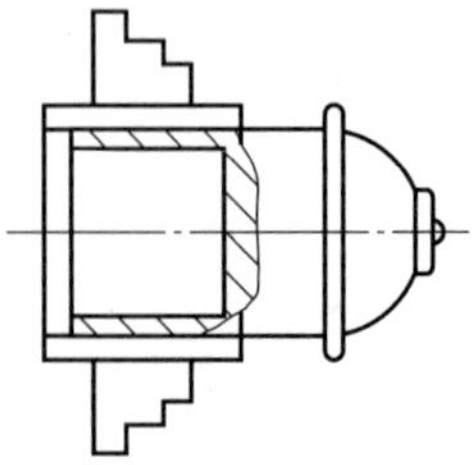	外圆车刀 游标卡尺

2. 根据炮管座工艺卡工序 10 和加工步骤，制定炮管座车削加工工序卡，并把炮管座完成图样绘制到工序卡片的空白处。（注：如采用数控车床车削，在“工步内容”栏写上程序。）

表 4—2—4　　　　炮管座车削加工工序卡

炮管座工序卡片	产品型号		零件图号			
	产品名称		零件名称		共　页	第　页

	车间	工序号	工序名称	材料牌号
	毛坯种类	毛坯外形尺寸	每毛坯可制件数	每台件数
	设备名称	设备型号	设备编号	同时加工件数
	夹具编号	夹具名称	切削液	
	工位器具编号	工位器具名称	工序工时（min）	
			准终	单件

工步号	工步内容	工艺装备	主轴转速 r/min	切削速度 m/min	进给量 mm/r	切削深度 mm	进给次数	工步工时（s）	
								机动	辅助

续表

工步号	工步内容	工艺装备	主轴转速 r/min	切削速度 m/min	进给量 mm/r	切削深度 mm	进给次数	工步工时（s）	
								机动	辅助
		设计（日期）		校对（日期）		审核（日期）	标准化（日期）	会签（日期）	

三、制定加农炮零件 3——支承轴车削加工工序卡

1. 在表 4—2—5 中，结合支承轴车削加工步骤和图例填写操作内容。

表 4—2—5　　支承轴车削加工步骤

操作步骤	图例	主要夹、量、刃具
1. 用三爪自定心卡盘装夹并找正毛坯料，伸出约 20 mm。车削外圆 $\phi8$ mm × 12 mm 阶台		卡盘扳手 刀架扳手 90°外圆车刀 游标卡尺 千分尺
2. 调头，车端面，打中心孔________		中心钻 游标卡尺
3. 一夹一顶装夹工件，按支承轴图样加工各级外圆至要求。倒角________；检验		90°外圆车刀 车槽刀 游标卡尺 千分尺

续表

操作步骤	图例	主要夹、量、刃具
4. 夹φ12 mm外圆，取总长________。加工两端M8螺纹至长度要求。倒角，检验		45°外圆车刀 螺纹车刀 螺纹环规

2. 根据支承轴工艺卡工序10和加工步骤，制定支承轴车削加工工序卡，并把支承轴完成图样绘制到工序卡片的空白处。（注：如采用数控车床车削，在“工步内容”栏写上程序。）

表4—2—6　　　　　支承轴车削加工工序卡

<table>
<tr><td colspan="2" rowspan="2">支承轴工序卡片</td><td>产品型号</td><td colspan="2"></td><td colspan="2">零件图号</td><td></td><td></td><td></td></tr>
<tr><td>产品名称</td><td colspan="2"></td><td colspan="2">零件名称</td><td></td><td>共　页</td><td>第　页</td></tr>
<tr><td colspan="2" rowspan="12"></td><td colspan="2">车间</td><td colspan="2">工序号</td><td colspan="2">工序名称</td><td colspan="2">材料牌号</td></tr>
<tr><td colspan="2"></td><td colspan="2"></td><td colspan="2"></td><td colspan="2"></td></tr>
<tr><td colspan="2">毛坯种类</td><td colspan="2">毛坯外形尺寸</td><td colspan="2">每毛坯可制件数</td><td colspan="2">每台件数</td></tr>
<tr><td colspan="2"></td><td colspan="2"></td><td colspan="2"></td><td colspan="2"></td></tr>
<tr><td colspan="2">设备名称</td><td colspan="2">设备型号</td><td colspan="2">设备编号</td><td colspan="2">同时加工件数</td></tr>
<tr><td colspan="2"></td><td colspan="2"></td><td colspan="2"></td><td colspan="2"></td></tr>
<tr><td colspan="3">夹具编号</td><td colspan="3">夹具名称</td><td colspan="2">切削液</td></tr>
<tr><td colspan="3"></td><td colspan="3"></td><td colspan="2"></td></tr>
<tr><td colspan="2" rowspan="2">工位器具编号</td><td colspan="2" rowspan="2">工位器具名称</td><td colspan="4">工序工时（min）</td></tr>
<tr><td colspan="2">准终</td><td colspan="2">单件</td></tr>
<tr><td colspan="2"></td><td colspan="2"></td><td colspan="2"></td><td colspan="2"></td></tr>
<tr></tr>
<tr><td rowspan="2">工步号</td><td rowspan="2">工步内容</td><td rowspan="2">工艺装备</td><td rowspan="2">主轴转速 r/min</td><td rowspan="2">切削速度 m/min</td><td rowspan="2">进给量 mm/r</td><td rowspan="2">切削深度 mm</td><td rowspan="2">进给次数</td><td colspan="2">工步工时（s）</td></tr>
<tr><td>机动</td><td>辅助</td></tr>
<tr><td></td><td></td><td></td><td></td><td></td><td></td><td></td><td></td><td></td><td></td></tr>
<tr><td></td><td></td><td></td><td></td><td></td><td></td><td></td><td></td><td></td><td></td></tr>
<tr><td></td><td></td><td></td><td></td><td></td><td></td><td></td><td></td><td></td><td></td></tr>
<tr><td></td><td></td><td></td><td></td><td></td><td></td><td></td><td></td><td></td><td></td></tr>
<tr><td></td><td></td><td></td><td></td><td></td><td></td><td></td><td></td><td></td><td></td></tr>
</table>

续表

工步号	工步内容	工艺装备	主轴转速 r/min	切削速度 m/min	进给量 mm/r	切削深度 mm	进给次数	工步工时（s）	
								机动	辅助

	设计（日期）	校对（日期）	审核（日期）	标准化（日期）	会签（日期）

四、制定加农炮零件4——连接轴车削加工工序卡

根据连接轴工艺卡工序10和加工步骤，制定连接轴车削加工工序卡，并把连接轴完成图样绘制到工序卡片的空白处。（注：如采用数控车床车削，在“工步内容”栏写上程序。）

表4—2—7　　连接轴车削加工工序卡

<table>
<tr><td rowspan="2" colspan="2">连接轴工序卡片</td><td>产品型号</td><td></td><td>零件图号</td><td></td><td></td><td></td></tr>
<tr><td>产品名称</td><td></td><td>零件名称</td><td></td><td>共　页</td><td>第　页</td></tr>
<tr><td rowspan="7" colspan="2"></td><td>车间</td><td>工序号</td><td>工序名称</td><td colspan="3">材料牌号</td></tr>
<tr><td></td><td></td><td></td><td colspan="3"></td></tr>
<tr><td>毛坯种类</td><td>毛坯外形尺寸</td><td>每毛坯可制件数</td><td colspan="3">每台件数</td></tr>
<tr><td></td><td></td><td></td><td colspan="3"></td></tr>
<tr><td>设备名称</td><td>设备型号</td><td>设备编号</td><td colspan="3">同时加工件数</td></tr>
<tr><td></td><td></td><td></td><td colspan="3"></td></tr>
<tr><td>夹具编号</td><td colspan="2">夹具名称</td><td colspan="3">切削液</td></tr>
</table>

续表

	工位器具编号	工位器具名称	工序工时（min）	
			准终	单件

工步号	工步内容	工艺装备	主轴转速 r/min	切削速度 m/min	进给量 mm/r	切削深度 mm	进给次数	工步工时（s）	
								机动	辅助

	设计（日期）	校对（日期）	审核（日期）	标准化（日期）	会签（日期）

五、制定加农炮零件5——炮耳车削加工工序卡

根据炮耳工艺卡工序10和加工步骤，制定炮耳车削加工工序卡，并把炮耳完成图样绘制到工序卡片的空白处。（注：如采用数控车床车削，在“工步内容”栏写上程序。）

表4—2—8　　　　炮耳车削加工工序卡

<table>
<tr><td colspan="2" rowspan="2">炮耳工序卡片</td><td>产品型号</td><td></td><td colspan="2">零件图号</td><td colspan="2"></td><td></td><td></td></tr>
<tr><td>产品名称</td><td></td><td colspan="2">零件名称</td><td colspan="2"></td><td>共　页</td><td>第　页</td></tr>
<tr><td colspan="2" rowspan="12"></td><td colspan="2">车间</td><td colspan="2">工序号</td><td colspan="2">工序名称</td><td colspan="2">材料牌号</td></tr>
<tr><td colspan="2"></td><td colspan="2"></td><td colspan="2"></td><td colspan="2"></td></tr>
<tr><td colspan="2">毛坯种类</td><td colspan="2">毛坯外形尺寸</td><td colspan="2">每毛坯可制件数</td><td colspan="2">每台件数</td></tr>
<tr><td colspan="2"></td><td colspan="2"></td><td colspan="2"></td><td colspan="2"></td></tr>
<tr><td colspan="2">设备名称</td><td colspan="2">设备型号</td><td colspan="2">设备编号</td><td colspan="2">同时加工件数</td></tr>
<tr><td colspan="2"></td><td colspan="2"></td><td colspan="2"></td><td colspan="2"></td></tr>
<tr><td colspan="3">夹具编号</td><td colspan="3">夹具名称</td><td colspan="2">切削液</td></tr>
<tr><td colspan="3"></td><td colspan="3"></td><td colspan="2"></td></tr>
<tr><td colspan="2" rowspan="2">工位器具编号</td><td colspan="2" rowspan="2">工位器具名称</td><td colspan="4">工序工时（min）</td></tr>
<tr><td colspan="2">准终</td><td colspan="2">单件</td></tr>
<tr><td colspan="2"></td><td colspan="2"></td><td colspan="2"></td><td colspan="2"></td></tr>
<tr><td colspan="2"></td><td colspan="2"></td><td colspan="2"></td><td colspan="2"></td></tr>
<tr><td rowspan="2">工步号</td><td rowspan="2">工步内容</td><td rowspan="2">工艺装备</td><td rowspan="2">主轴转速 r/min</td><td rowspan="2">切削速度 m/min</td><td rowspan="2">进给量 mm/r</td><td rowspan="2">切削深度 mm</td><td rowspan="2">进给次数</td><td colspan="2">工步工时（s）</td></tr>
<tr><td>机动</td><td>辅助</td></tr>
<tr><td></td><td></td><td></td><td></td><td></td><td></td><td></td><td></td><td></td><td></td></tr>
<tr><td></td><td></td><td></td><td></td><td></td><td></td><td></td><td></td><td></td><td></td></tr>
<tr><td></td><td></td><td></td><td></td><td></td><td></td><td></td><td></td><td></td><td></td></tr>
<tr><td></td><td></td><td></td><td></td><td></td><td></td><td></td><td></td><td></td><td></td></tr>
<tr><td></td><td></td><td></td><td></td><td></td><td></td><td></td><td></td><td></td><td></td></tr>
<tr><td></td><td></td><td></td><td></td><td></td><td></td><td></td><td></td><td></td><td></td></tr>
<tr><td></td><td></td><td></td><td></td><td></td><td></td><td></td><td></td><td></td><td></td></tr>
<tr><td></td><td></td><td></td><td></td><td></td><td></td><td></td><td></td><td></td><td></td></tr>
<tr><td></td><td></td><td></td><td></td><td></td><td></td><td></td><td></td><td></td><td></td></tr>
<tr><td></td><td></td><td></td><td></td><td></td><td></td><td></td><td></td><td></td><td></td></tr>
</table>

续表

工步号	工步内容	工艺装备	主轴转速 r/min	切削速度 m/min	进给量 mm/r	切削深度 mm	进给次数	工步工时（s）	
								机动	辅助
		设计（日期）	校对（日期）	审核（日期）	标准化（日期）	会签（日期）			

六、制定加农炮零件6——轴套车削加工工序卡

根据轴套工艺卡工序10和加工步骤，制定轴套车削加工工序卡，并把轴套完成图样绘制到工序卡片的空白处。（注：如采用数控车床车削，在“工步内容”栏写上程序。）

表4—2—9 轴套车削加工工序卡

<table>
<tr><td rowspan="2">轴套工序卡片</td><td>产品型号</td><td></td><td>零件图号</td><td></td><td></td><td></td></tr>
<tr><td>产品名称</td><td></td><td>零件名称</td><td></td><td>共 页</td><td>第 页</td></tr>
<tr><td rowspan="8"></td><td>车间</td><td>工序号</td><td>工序名称</td><td colspan="3">材料牌号</td></tr>
<tr><td></td><td></td><td></td><td colspan="3"></td></tr>
<tr><td>毛坯种类</td><td>毛坯外形尺寸</td><td>每毛坯可制件数</td><td colspan="3">每台件数</td></tr>
<tr><td></td><td></td><td></td><td colspan="3"></td></tr>
<tr><td>设备名称</td><td>设备型号</td><td>设备编号</td><td colspan="3">同时加工件数</td></tr>
<tr><td></td><td></td><td></td><td colspan="3"></td></tr>
<tr><td>夹具编号</td><td colspan="2">夹具名称</td><td colspan="3">切削液</td></tr>
<tr><td></td><td colspan="2"></td><td colspan="3"></td></tr>
</table>

续表

<table>
<tr><td colspan="2" rowspan="3"></td><td colspan="2" rowspan="2">工位器具编号</td><td colspan="2" rowspan="2">工位器具名称</td><td colspan="4">工序工时（min）</td></tr>
<tr><td colspan="2">准终</td><td colspan="2">单件</td></tr>
<tr><td colspan="2"></td><td colspan="2"></td><td colspan="2"></td><td colspan="2"></td></tr>
<tr><td rowspan="2">工步号</td><td rowspan="2">工步内容</td><td rowspan="2">工艺装备</td><td rowspan="2">主轴
转速
r/min</td><td rowspan="2">切削
速度
m/min</td><td rowspan="2">进给量
mm/r</td><td rowspan="2">切削
深度
mm</td><td rowspan="2">进给
次数</td><td colspan="2">工步工时（s）</td></tr>
<tr><td>机动</td><td>辅助</td></tr>
<tr><td></td><td></td><td></td><td></td><td></td><td></td><td></td><td></td><td></td><td></td></tr>
<tr><td></td><td></td><td></td><td></td><td></td><td></td><td></td><td></td><td></td><td></td></tr>
<tr><td></td><td></td><td></td><td></td><td></td><td></td><td></td><td></td><td></td><td></td></tr>
<tr><td></td><td></td><td></td><td></td><td></td><td></td><td></td><td></td><td></td><td></td></tr>
<tr><td></td><td></td><td></td><td></td><td></td><td></td><td></td><td></td><td></td><td></td></tr>
<tr><td></td><td></td><td></td><td></td><td></td><td></td><td></td><td></td><td></td><td></td></tr>
<tr><td></td><td></td><td></td><td></td><td></td><td></td><td></td><td></td><td></td><td></td></tr>
<tr><td></td><td></td><td></td><td></td><td></td><td></td><td></td><td></td><td></td><td></td></tr>
<tr><td></td><td></td><td></td><td></td><td></td><td></td><td></td><td></td><td></td><td></td></tr>
<tr><td></td><td></td><td></td><td></td><td></td><td></td><td></td><td></td><td></td><td></td></tr>
<tr><td></td><td></td><td></td><td></td><td></td><td></td><td></td><td></td><td></td><td></td></tr>
<tr><td></td><td></td><td></td><td></td><td></td><td></td><td></td><td></td><td></td><td></td></tr>
<tr><td></td><td></td><td></td><td></td><td></td><td></td><td></td><td></td><td></td><td></td></tr>
<tr><td></td><td></td><td></td><td></td><td></td><td></td><td></td><td></td><td></td><td></td></tr>
<tr><td></td><td></td><td></td><td></td><td></td><td></td><td></td><td></td><td></td><td></td></tr>
<tr><td></td><td></td><td></td><td></td><td></td><td></td><td></td><td></td><td></td><td></td></tr>
</table>

<table>
<tr><td rowspan="2"></td><td>设计
（日期）</td><td>校对
（日期）</td><td>审核
（日期）</td><td>标准化
（日期）</td><td>会签
（日期）</td></tr>
<tr><td></td><td></td><td></td><td></td><td></td></tr>
</table>

七、制定加农炮零件7——固定螺母车削加工工序卡

1. 在表4—2—10中，结合固定螺母车削加工步骤和图例填写操作内容。

表4—2—10 固定螺母车削加工步骤

操作步骤	图例	主要夹、量、刃具
1. 用三爪自定心卡盘装夹并找正零件，零件伸出卡盘卡爪端面25 mm左右；车 ϕ23 mm × 5 mm的阶台，半径________mm的圆球	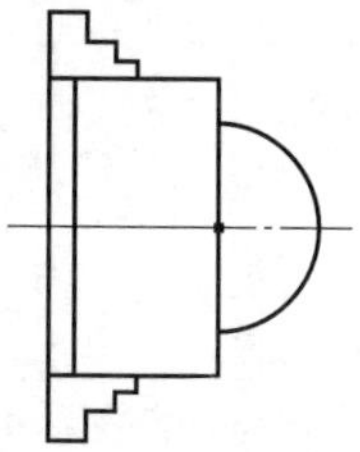	卡盘扳手 刀架扳手 90°车刀 游标卡尺 千分尺
2. 切断至长度为________mm		切断刀 游标卡尺
3. 调头夹 ϕ23 mm外圆找正工件，车端面，总长________mm，钻孔________mm，攻螺纹________	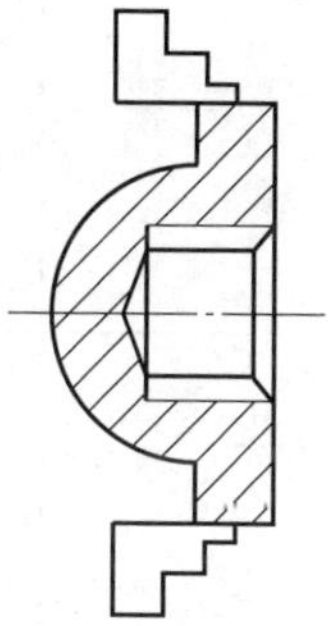	45°外圆车刀 麻花钻 游标卡尺 丝锥
4. 倒角并检验		45°外圆车刀

2. 根据固定螺母工艺卡工序10和加工步骤，制定固定螺母车削加工工序卡，并把固定螺母完成图样绘制到工序卡片的空白处。（注：如采用数控车床车削，在“工步内容”栏写上程序。）

表4—2—11 固定螺母车削加工工序卡

<table>
<tr><td rowspan="2">固定螺母工序卡片</td><td>产品型号</td><td></td><td>零件图号</td><td></td><td></td><td></td></tr>
<tr><td>产品名称</td><td></td><td>零件名称</td><td></td><td>共 页</td><td>第 页</td></tr>
<tr><td rowspan="5"></td><td colspan="2">车间</td><td>工序号</td><td>工序名称</td><td colspan="2">材料牌号</td></tr>
<tr><td colspan="2"></td><td></td><td></td><td colspan="2"></td></tr>
<tr><td colspan="2">毛坯种类</td><td>毛坯外形尺寸</td><td>每毛坯可制件数</td><td colspan="2">每台件数</td></tr>
<tr><td colspan="2"></td><td></td><td></td><td colspan="2"></td></tr>
<tr><td colspan="2">设备名称</td><td>设备型号</td><td>设备编号</td><td colspan="2">同时加工件数</td></tr>
</table>

续表

夹具编号	夹具名称	切削液

工位器具编号	工位器具名称	工序工时（min）	
		准终	单件

工步号	工步内容	工艺装备	主轴转速 r/min	切削速度 m/min	进给量 mm/r	切削深度 mm	进给次数	工步工时（s）	
								机动	辅助

设计（日期）	校对（日期）	审核（日期）	标准化（日期）	会签（日期）

3．根据固定螺母工艺卡工序 20 和加工步骤，制定固定螺母铣削加工工序卡，并把固定螺母完成图样绘制到工序卡片的空白处。（注：如采用数控铣床铣削，在“工步内容”栏写上程序。）

表 4—2—12　　固定螺母铣削加工工序卡

<table>
<tr><td colspan="2" rowspan="2">固定螺母工序卡片</td><td>产品型号</td><td></td><td colspan="2">零件图号</td><td></td><td></td><td colspan="2"></td></tr>
<tr><td>产品名称</td><td></td><td colspan="2">零件名称</td><td></td><td>共　页</td><td colspan="2">第　页</td></tr>
<tr><td colspan="2" rowspan="11"></td><td colspan="2">车间</td><td colspan="2">工序号</td><td colspan="2">工序名称</td><td colspan="2">材料牌号</td></tr>
<tr><td colspan="2"></td><td colspan="2"></td><td colspan="2"></td><td colspan="2"></td></tr>
<tr><td colspan="2">毛坯种类</td><td colspan="2">毛坯外形尺寸</td><td colspan="2">每毛坯可制件数</td><td colspan="2">每台件数</td></tr>
<tr><td colspan="2"></td><td colspan="2"></td><td colspan="2"></td><td colspan="2"></td></tr>
<tr><td colspan="2">设备名称</td><td colspan="2">设备型号</td><td colspan="2">设备编号</td><td colspan="2">同时加工件数</td></tr>
<tr><td colspan="2"></td><td colspan="2"></td><td colspan="2"></td><td colspan="2"></td></tr>
<tr><td colspan="3">夹具编号</td><td colspan="2">夹具名称</td><td colspan="3">切削液</td></tr>
<tr><td colspan="3"></td><td colspan="2"></td><td colspan="3"></td></tr>
<tr><td colspan="2" rowspan="2">工位器具编号</td><td colspan="2" rowspan="2">工位器具名称</td><td colspan="4">工序工时（min）</td></tr>
<tr><td colspan="2">准终</td><td colspan="2">单件</td></tr>
<tr><td colspan="2"></td><td colspan="2"></td><td colspan="2"></td><td colspan="2"></td></tr>
<tr><td rowspan="2">工步号</td><td rowspan="2">工步内容</td><td rowspan="2">工艺装备</td><td rowspan="2">主轴
转速
r/min</td><td rowspan="2">切削
速度
m/min</td><td rowspan="2">进给量
mm/r</td><td rowspan="2">切削
深度
mm</td><td rowspan="2">进给
次数</td><td colspan="2">工步工时（s）</td></tr>
<tr><td>机动</td><td>辅助</td></tr>
<tr><td></td><td></td><td></td><td></td><td></td><td></td><td></td><td></td><td></td><td></td></tr>
<tr><td></td><td></td><td></td><td></td><td></td><td></td><td></td><td></td><td></td><td></td></tr>
<tr><td></td><td></td><td></td><td></td><td></td><td></td><td></td><td></td><td></td><td></td></tr>
<tr><td></td><td></td><td></td><td></td><td></td><td></td><td></td><td></td><td></td><td></td></tr>
<tr><td></td><td></td><td></td><td></td><td></td><td></td><td></td><td></td><td></td><td></td></tr>
<tr><td></td><td></td><td></td><td></td><td></td><td></td><td></td><td></td><td></td><td></td></tr>
<tr><td></td><td></td><td></td><td></td><td></td><td></td><td></td><td></td><td></td><td></td></tr>
<tr><td></td><td></td><td></td><td></td><td></td><td></td><td></td><td></td><td></td><td></td></tr>
<tr><td></td><td></td><td></td><td></td><td></td><td></td><td></td><td></td><td></td><td></td></tr>
<tr><td></td><td></td><td></td><td></td><td></td><td></td><td></td><td></td><td></td><td></td></tr>
</table>

续表

工步号	工步内容	工艺装备	主轴转速 r/min	切削速度 m/min	进给量 mm/r	切削深度 mm	进给次数	工步工时（s）	
								机动	辅助

	设计（日期）	校对（日期）	审核（日期）	标准化（日期）	会签（日期）

八、制定加农炮零件8——轮毂内圈车削加工工序卡

根据轮毂内圈工艺卡工序10和加工步骤，制定轮毂内圈车削加工工序卡，并把轮毂内圈完成图样绘制到工序卡片的空白处。（注：如采用数控车床车削，在“工步内容”栏写上程序。）

表4—2—13　　　　轮毂内圈车削加工工序卡

轮毂内圈工序卡片	产品型号		零件图号			
	产品名称		零件名称		共　页	第　页

	车间	工序号	工序名称	材料牌号
	毛坯种类	毛坯外形尺寸	每毛坯可制件数	每台件数
	设备名称	设备型号	设备编号	同时加工件数
	夹具编号	夹具名称	切削液	
	工位器具编号	工位器具名称	工序工时（min）	
			准终	单件

续表

工步号	工步内容	工艺装备	主轴转速 r/min	切削速度 m/min	进给量 mm/r	切削深度 mm	进给次数	工步工时（s）	
								机动	辅助
		设计（日期）		校对（日期）	审核（日期）		标准化（日期）	会签（日期）	

九、制定加农炮零件9——轮毂外圈车削加工工序卡

根据轮毂外圈工艺卡工序10和加工步骤，制定轮毂外圈车削加工工序卡，并把轮毂外圈完成图样绘制到工序卡片的空白处。（注：如采用数控车床车削，在“工步内容”栏写上程序。）

表 4—2—14　　　　轮毂外圈车削加工工序卡

轮毂外圈工序卡片	产品型号		零件图号			
	产品名称		零件名称		共　页	第　页

车间	工序号	工序名称	材料牌号
毛坯种类	毛坯外形尺寸	每毛坯可制件数	每台件数
设备名称	设备型号	设备编号	同时加工件数

夹具编号	夹具名称	切削液

工位器具编号	工位器具名称	工序工时（min）	
		准终	单件

工步号	工步内容	工艺装备	主轴转速 r/min	切削速度 m/min	进给量 mm/r	切削深度 mm	进给次数	工步工时（s）	
								机动	辅助

	设计（日期）	校对（日期）	审核（日期）	标准化（日期）	会签（日期）

十、制定加农炮零件 10——支架铣削加工工序卡

1．在表 4—2—15 中，结合支架加工步骤和图例填写操作内容。

表 4—2—15　　支架加工步骤

<table>
<tr><th>工序</th><th>操作步骤</th><th>图例</th><th>主要夹、量、刃具</th></tr>
<tr><td>划线</td><td>用游标高度尺在零件表面上划出轮廓线</td><td> 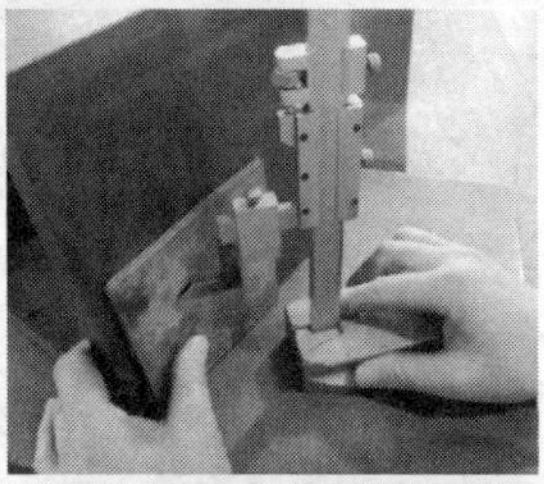 </td><td>游标高度尺
划线平台
划规
样冲
划针
锤子</td></tr>
<tr><td rowspan="2">铣削</td><td>1．铣削装夹面
为了保证后续工序装夹方便可靠，首先应排除________，铣削装夹平面</td><td>  </td><td rowspan="2">ϕ10 mm 立铣刀
ϕ8 mm 立铣刀
ϕ5 mm 立铣刀
平行垫铁
游标卡尺
扳手
机用平口钳</td></tr>
<tr><td>2．粗铣斜面
双手分别控制________和________手动操作手柄赶刀铣削 45°和 57°斜面</td><td>  </td></tr>
</table>

续表

工序	操作步骤	图例	主要夹、量、刃具
铣削	3. 精铣斜面 分别把机用平口钳扳转________°和________°精铣斜面	 	ϕ10 mm 立铣刀 ϕ8 mm 立铣刀 ϕ5 mm 立铣刀 平行垫铁 游标卡尺 扳手 机用平口钳
	4. 铣削 *R*4 圆弧 用直径为______ mm 的立铣刀铣削 *R*4 圆弧，保证尺寸______和________		
	5. 铣削 *R*2.5 圆弧 在零件材料、刀具材料不变的情况下，铣刀直径越小，选择的转速越________		
检测	根据图样要求进行检验	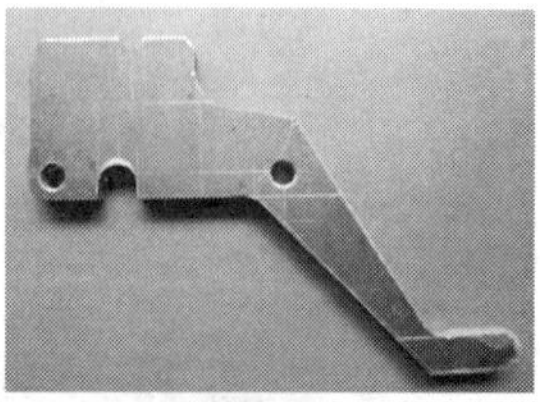	游标卡尺 连接轴 半径样板

2. 根据支架工艺卡工序20和加工步骤，制定支架铣削加工工序卡，并把支架完成图样绘制到工序卡片的空白处。（注：如采用数控铣床铣削，在“工步内容”栏写上程序。）

表4—2—16 支架铣削加工工序卡

<table>
<tr><td rowspan="2">支架工序卡片</td><td colspan="2">产品型号</td><td colspan="2"></td><td colspan="2">零件图号</td><td colspan="2"></td><td colspan="2"></td><td colspan="2"></td></tr>
<tr><td colspan="2">产品名称</td><td colspan="2"></td><td colspan="2">零件名称</td><td colspan="2"></td><td colspan="2">共 页</td><td colspan="2">第 页</td></tr>
<tr><td rowspan="12"></td><td colspan="3">车间</td><td colspan="3">工序号</td><td colspan="3">工序名称</td><td colspan="3">材料牌号</td></tr>
<tr><td colspan="3"></td><td colspan="3"></td><td colspan="3"></td><td colspan="3"></td></tr>
<tr><td colspan="3">毛坯种类</td><td colspan="3">毛坯外形尺寸</td><td colspan="3">每毛坯可制件数</td><td colspan="3">每台件数</td></tr>
<tr><td colspan="3"></td><td colspan="3"></td><td colspan="3"></td><td colspan="3"></td></tr>
<tr><td colspan="3">设备名称</td><td colspan="3">设备型号</td><td colspan="3">设备编号</td><td colspan="3">同时加工件数</td></tr>
<tr><td colspan="3"></td><td colspan="3"></td><td colspan="3"></td><td colspan="3"></td></tr>
<tr><td colspan="4">夹具编号</td><td colspan="4">夹具名称</td><td colspan="4">切削液</td></tr>
<tr><td colspan="4"></td><td colspan="4"></td><td colspan="4"></td></tr>
<tr><td colspan="3" rowspan="2">工位器具编号</td><td colspan="3" rowspan="2">工位器具名称</td><td colspan="6">工序工时（min）</td></tr>
<tr><td colspan="3">准终</td><td colspan="3">单件</td></tr>
<tr><td colspan="3"></td><td colspan="3"></td><td colspan="3"></td><td colspan="3"></td></tr>
</table>

工步号	工步内容	工艺装备	主轴转速 r/min	切削速度 m/min	进给量 mm/r	切削深度 mm	进给次数	工步工时（s）	
								机动	辅助

续表

工步号	工步内容	工艺装备	主轴转速 r/min	切削速度 m/min	进给量 mm/r	切削深度 mm	进给次数	工步工时（s）	
								机动	辅助

	设计（日期）	校对（日期）	审核（日期）	标准化（日期）	会签（日期）

十一、制定加农炮零件11——辐条车削加工工序卡

根据辐条工艺卡工序10和加工步骤，制定辐条车削加工工序卡，并把辐条完成图样绘制到工序卡片的空白处。（注：如采用数控车床车削，在“工步内容”栏写上程序。）

表4—2—17　　辐条车削加工工序卡

辐条工序卡片	产品型号		零件图号			
	产品名称		零件名称		共　页	第　页

	车间	工序号	工序名称	材料牌号
	毛坯种类	毛坯外形尺寸	每毛坯可制件数	每台件数
	设备名称	设备型号	设备编号	同时加工件数
	夹具编号	夹具名称	切削液	
	工位器具编号	工位器具名称	工序工时（min）	
			准终	单件

续表

工步号	工步内容	工艺装备	主轴转速 r/min	切削速度 m/min	进给量 mm/r	切削深度 mm	进给次数	工步工时（s）	
								机动	辅助

	设计（日期）	校对（日期）	审核（日期）	标准化（日期）	会签（日期）

学习活动3　加农炮加工

学习目标

1. 能根据加农炮图样要求，到材料库正确规范地领取材料。

2. 能根据加农炮图样工艺要求，到工具库正确规范地领取工、量、刃、夹具。

3. 能根据加农炮图样要求，合理刃磨车削轮毂内、外圈的内孔车刀。

4. 能根据操作提示，严格按照机床操作规程完成加农炮零件的加工，对加工完成的零件进行质量检测，并对加工中出现的问题提出改进措施。

5. 能按国家环保相关规定和安全文明生产要求整理现场，合理保养维护工、量、刃、夹具及设备，正确处置废油液等废弃物；能严格按照车间管理规定，正确规范地交接班和保养车床。

建议学时：40学时。

学习过程

一、填写领料单并领取材料

表 4—3—1　　　　　　　　　　　领料单

<table>
<tr><td colspan="2">领料部门</td><td colspan="2"></td><td colspan="2">产品名称及数量</td><td colspan="2"></td></tr>
<tr><td colspan="2">领料单号</td><td colspan="2"></td><td colspan="2">零件名称及数量</td><td colspan="2"></td></tr>
<tr><td rowspan="2">材料名称</td><td rowspan="2">材料规格
及型号</td><td rowspan="2">单位</td><td colspan="2">数量</td><td rowspan="2">单价</td><td rowspan="2">总价</td></tr>
<tr><td>请领</td><td>实发</td></tr>
<tr><td></td><td></td><td></td><td></td><td></td><td></td><td></td></tr>
<tr><td>材料用途说明</td><td>材料仓库</td><td>主管</td><td>发料数量</td><td>领料部门</td><td>主管</td><td>领料数量</td></tr>
<tr><td></td><td></td><td></td><td></td><td></td><td></td><td></td></tr>
</table>

二、汇总工、量、刃、夹具清单并领取工、量、刃、夹具

表 4—3—2　　　　　　　　工、量、刃、夹具清单

序号	名称	型号规格	数量	需领用数量

续表

序号	名称	型号规格	数量	需领用数量

三、刃磨刀具

根据加农炮各零件图样要求，合理刃磨各种车刀，绘出车削轮毂内、外圈内孔车刀的几何形状及其角度，并叙述它们与其他内孔车刀的区别。

四、完成加农炮零件加工和质量检测

1. 加农炮零件 1——炮管加工

（1）按照炮管车削操作过程的提示，在实训场地完成炮管的车削加工。

表 4—3—3　炮管车削操作过程

操作步骤	操作要点
1. 加工前准备工作	（1）按操作规程，加工零件前检查各电气设施，手柄、传动部位、防护、限位装置是否齐全可靠、灵活，然后完成机床润滑、预热等准备工作 （2）根据车间要求，合理放置毛坯料、刀具、量具、图样、工序卡等
2. 炮管车削加工	（1）合理安装刀具 （2）合理装夹毛坯料 （3）根据炮管车削加工工序卡，规范操作车床车削炮管达到图样要求，及时合理做好在线检测工作 （4）根据检测表，合理检测车削完成的炮管
3. 加工后整理工作	加工完毕后，正确放置零件，并进行产品交接确认；按照国家环保相关规定和车间要求，整理现场，正确处置废油液等废弃物；按车间规定填写交接班记录（见附表 1）和设备日常保养记录卡（见附表 2）

（2）加工完成后将加工过程中出现的问题记录下来，分析问题并写出改进措施。

（3）对车削加工完成的炮管进行质量检测，并把检测结果填入表 4—3—4。

表 4—3—4　炮管车削工序检测表

序号	考核项目	考核内容及要求	配分 IT *Ra*	评分标准	检测结果 IT *Ra*	得分
1	外圆	$\phi 18_{-0.02}^{0}$	10	超差不得分		
2		$\phi 24$	4	IT13 超差不得分		
3		$\phi 22$	4	IT13 超差不得分		
4		$\phi 19$	4	IT13 超差不得分		
5	内孔	$\phi 15$	6	IT13 超差不得分		

续表

序号	考核项目	考核内容及要求	配分 IT Ra	评分标准	检测结果 IT Ra	得分
6	长度	7	4	IT13 超差不得分		
7		25	4	IT13 超差不得分		
8		78	4	IT13 超差不得分		
9	圆弧	*R*2.5（3 处）	3×5	m 超差不得分		
10	倒角	*C*0.5（3 处）	3×1	m 超差不得分		
11	表面粗糙度	*Ra*6.3 μm（10 处）	10×2	超差不得分		
12	设备及工、量、刃、夹具的使用维护	正确规范使用工、量、刃、夹具并进行合理保养及维护	10	不符合要求酌情扣 1~10 分		
13		正确规范使用设备，合理保养及维护设备		不符合要求酌情扣 1~10 分		
14		操作姿势、动作正确		不符合要求酌情扣 1~10 分		
15	安全与其他	按国家颁布的有关法规或企业制定的有关规定，安全文明生产	10	一项不符合要求扣 2 分，发生较大事故取消考核资格		
16		操作、工艺规范正确		一处不符合要求扣 2 分		
17		工作服正确穿戴		一处不符合要求扣 2 分		
18		工件各表面无缺陷		不符合要求扣 1~8 分		
19		按机械制造企业环保管理有关规定，环保处理		不符合要求扣 1~10 分		
总分			100			

（4）按照炮管钻削操作过程的提示，在实训场地完成炮管的钻削加工。

表 4—3—5 炮管钻削操作过程

操作步骤	操作要点
1. 加工前准备工作	（1）按操作规程，加工零件前检查各电气设施，手柄、传动部位、防护、限位装置是否齐全可靠、灵活，然后完成机床润滑、预热等准备工作 （2）根据车间要求，合理放置毛坯料、刀具、量具、图样、工序卡等
2. 炮管钻削加工	（1）合理安装麻花钻 （2）合理装夹工件 （3）根据炮管钻削加工工序卡，规范操作钻床钻削炮管达到图样要求，及时合理做好在线检测工作 （4）根据检测表，合理检测钻削完成的炮管
3. 加工后整理工作	加工完毕后，正确放置零件，并进行产品交接确认；按照国家环保相关规定和车间要求，整理现场，正确处置废油液等废弃物；按车间规定填写交接班记录（见附表 1）和设备日常保养记录卡（见附表 2）

（5）加工完成后将加工过程中出现的问题记录下来，分析问题并写出改进措施。

（6）对钻削加工完成的炮管进行质量检测，并把检测结果填入表 4—3—6。

表 4—3—6 炮管钻削工序检测表

序号	考核项目	考核内容及要求	配分 IT	配分 Ra	评分标准	检测结果 IT	检测结果 Ra	得分
1	内孔	$\phi4^{+0.03}_{0}$ $Ra6.3\ \mu m$	50	10	超差不得分			
2	长度	14.5	10		IT13 超差不得分			
3		5.5	10		IT13 超差不得分			

续表

<table>
<tr><th rowspan="2">序号</th><th rowspan="2">考核项目</th><th rowspan="2">考核内容及要求</th><th colspan="2">配分</th><th rowspan="2">评分标准</th><th colspan="2">检测结果</th><th rowspan="2">得分</th></tr>
<tr><th>IT</th><th>Ra</th><th>IT</th><th>Ra</th></tr>
<tr><td>4</td><td rowspan="3">设备及工、量、刃、夹具的使用维护</td><td>正确规范使用工、量、刃、夹具并进行合理保养及维护</td><td colspan="2" rowspan="3">10</td><td>不符合要求酌情扣1～10分</td><td></td><td></td><td></td></tr>
<tr><td>5</td><td>正确规范使用设备，合理保养及维护设备</td><td>不符合要求酌情扣1～10分</td><td></td><td></td><td></td></tr>
<tr><td>6</td><td>操作姿势、动作正确</td><td>不符合要求酌情扣1～10分</td><td></td><td></td><td></td></tr>
<tr><td>7</td><td rowspan="5">安全与其他</td><td>按国家颁布的有关法规或企业制定的有关规定，安全文明生产</td><td colspan="2" rowspan="5">10</td><td>一项不符合要求扣2分，发生较大事故取消考核资格</td><td></td><td></td><td></td></tr>
<tr><td>8</td><td>操作、工艺规范正确</td><td>一处不符合要求扣2分</td><td></td><td></td><td></td></tr>
<tr><td>9</td><td>工作服正确穿戴</td><td>一处不符合要求扣2分</td><td></td><td></td><td></td></tr>
<tr><td>10</td><td>工件各表面无缺陷</td><td>不符合要求扣1～8分</td><td></td><td></td><td></td></tr>
<tr><td>11</td><td>按机械制造企业环保管理有关规定，环保处理</td><td>不符合要求扣1～10分</td><td></td><td></td><td></td></tr>
<tr><td colspan="3">总分</td><td colspan="2">100</td><td></td><td></td><td></td><td></td></tr>
</table>

2. 加农炮零件2——炮管座加工

（1）按照炮管座车削操作过程的提示，在实训场地完成炮管的车削加工。

表4—3—7　　炮管座车削操作过程

操作步骤	操作要点
1. 加工前准备工作	（1）按操作规程，加工零件前检查各电气设施，手柄、传动部位、防护、限位装置是否齐全可靠、灵活，然后完成机床润滑、预热等准备工作 （2）根据车间要求，合理放置毛坯料、刀具、量具、图样、工序卡等

续表

操作步骤	操作要点
2. 炮管座切削加工	（1）合理安装刀具 （2）合理装夹毛坯料 （3）根据炮管座车削加工工序卡，规范操作车床车削炮管座达到图样要求，及时合理做好在线检测工作 （4）根据检测表，合理检测车削完成的炮管座
3. 加工后整理工作	加工完毕后，正确放置零件，并进行产品交接确认；按照国家环保相关规定和车间要求，整理现场，正确处置废油液等废弃物；按车间规定填写交接班记录（见附表 1）和设备日常保养记录卡（见附表 2）

（2）加工完成后将加工过程中出现的问题记录下来，分析问题并写出改进措施。

（3）对车削加工完成的炮管座进行质量检测，并把检测结果填入表 4—3—8。

表 4—3—8　　炮管座车削工序检测表

序号	考核项目	考核内容及要求	配分 IT　*Ra*	评分标准	检测结果 IT　*Ra*	得分
1	内孔	$\phi 18^{+0.02}_{0}$	10	超差不得分		
2	外圆	$\phi 22$	4	IT13 超差不得分		
3		$\phi 27$	4	IT13 超差不得分		
4		$\phi 7$	4	IT13 超差不得分		
5	长度	40	5	IT13 超差不得分		
6		8	4	IT13 超差不得分		
7		2	4	IT13 超差不得分		
8		28	4	IT13 超差不得分		
9		17	4	IT13 超差不得分		

续表

序号	考核项目	考核内容及要求	配分 IT Ra	评分标准	检测结果 IT Ra	得分
10	圆弧	*R*12	4	m 超差不得分		
11		*R*1（3 处）	3×3	m 超差不得分		
12	倒角	*C*0.5（2 处）	2×1	m 超差不得分		
13	表面粗糙度	*Ra*6.3 μm（11 处）	11×2	超差不得分		
14	设备及工、量、刃、夹具的使用维护	正确规范使用工、量、刃、夹具并进行合理保养及维护	10	不符合要求酌情扣 1～10 分		
15		正确规范使用设备，合理保养及维护设备		不符合要求酌情扣 1～10 分		
16		操作姿势、动作正确		不符合要求酌情扣 1～10 分		
17	安全与其他	按国家颁布的有关法规或企业制定的有关规定，安全文明生产	10	一项不符合要求扣 2 分，发生较大事故取消考核资格		
18		操作、工艺规范正确		一处不符合要求扣 2 分		
19		工作服正确穿戴		一处不符合要求扣 2 分		
20		工件各表面无缺陷		不符合要求扣 1～8 分		
21		按机械制造企业环保管理有关规定，环保处理		不符合要求扣 1～10 分		
总分			100			

3．加农炮零件 3——支承轴加工

（1）按照支承轴车削操作过程的提示，在实训场地完成支承轴的车削加工。

表 4—3—9　　支承轴车削操作过程

操作步骤	操作要点
1. 加工前准备工作	（1）按操作规程，加工零件前检查各电气设施，手柄、传动部位、防护、限位装置是否齐全可靠、灵活，然后完成机床润滑、预热等准备工作 （2）根据车间要求，合理放置毛坯料、刀具、量具、图样、工序卡等
2. 支承轴车削加工	（1）合理安装刀具 （2）合理装夹毛坯料 （3）根据支承轴车削加工工序卡，规范操作车床车削支承轴达到图样要求，及时合理做好在线检测工作 （4）根据检测表，合理检测车削完成的支承轴
3. 加工后整理工作	加工完毕后，正确放置零件，并进行产品交接确认；按照国家环保相关规定和车间要求，整理现场，正确处置废油液等废弃物；按车间规定填写交接班记录（见附表 1）和设备日常保养记录卡（见附表 2）

（2）加工完成后将加工过程中出现的问题记录下来，分析问题并写出改进措施。

（3）对车削加工完成的支承轴进行质量检测，并把检测结果填入表 4—3—10。

表 4—3—10　　支承轴车削工序检测表

序号	考核项目	考核内容及要求	配分 IT	配分 Ra	评分标准	检测结果 IT	检测结果 Ra	得分
1	外圆	$\phi 8_{-0.1}^{0}$（2 处）	2×6		超差不得分			
2		$\phi 8_{-0.05}^{0}$（2 处）	2×6		超差不得分			
3		$\phi 12$（3 处）	3×2		IT13 超差不得分			

续表

序号	考核项目	考核内容及要求	配分 IT Ra	评分标准	检测结果 IT Ra	得分
4	螺纹	M8（2处）	2×6	M8螺纹样板		
5	长度	30±0.1	4	超差不得分		
6		42±0.1	4	超差不得分		
7		64±0.1	4	超差不得分		
8		95	2	IT13超差不得分		
9		7（2处）	2×2	IT13超差不得分		
10	倒角	*C*0.5（8处）	8×0.5	m超差不得分		
11	表面粗糙度	*Ra*3.2 μm（16处）	16×1	超差不得分		
12	设备及工、量、刃、夹具的使用维护	正确规范使用工、量、刃、夹具并进行合理保养及维护	10	不符合要求酌情扣1～10分		
13		正确规范使用设备，合理保养及维护设备		不符合要求酌情扣1～10分		
14		操作姿势、动作正确		不符合要求酌情扣1～10分		
15	安全与其他	按国家颁布的有关法规或企业制定的有关规定，安全文明生产	10	一项不符合要求扣2分，发生较大事故取消考核资格		
16		操作、工艺规范正确		一处不符合要求扣2分		
17		工作服正确穿戴		一处不符合要求扣2分		
18		工件各表面无缺陷		不符合要求扣1～8分		
19		按机械制造企业环保管理有关规定，环保处理		不符合要求扣1～10分		
总分			100			

4. 加农炮零件 4——连接轴加工

（1）按照连接轴车削操作过程的提示，在实训场地完成连接轴的车削加工。

表 4—3—11　　连接轴车削操作过程

操作步骤	操作要点
1. 加工前准备工作	（1）按操作规程，加工零件前检查各电气设施，手柄、传动部位、防护、限位装置是否齐全可靠、灵活，然后完成机床润滑、预热等准备工作 （2）根据车间要求，合理放置毛坯料、刀具、量具、图样、工序卡等
2. 连接轴车削加工	（1）合理安装刀具 （2）合理装夹毛坯料 （3）根据连接轴车削加工工序卡，规范操作车床车削连接轴达到图样要求，及时合理做好在线检测工作 （4）根据检测表，合理检测车削完成的连接轴
3. 加工后整理工作	加工完毕后，正确放置零件，并进行产品交接确认；按照国家环保相关规定和车间要求，整理现场，正确处置废油液等废弃物；按车间规定填写交接班记录（见附表 1）和设备日常保养记录卡（见附表 2）

（2）加工完成后将加工过程中出现的问题记录下来，分析问题并写出改进措施。

（3）对车削加工完成的连接轴进行质量检测，并把检测结果填入表 4—3—12。

表 4—3—12　　连接轴车削工序检测表

序号	考核项目	考核内容及要求	配分 IT　Ra	评分标准	检测结果 IT　Ra	得分
1	外圆	$\phi4^{+0.04}_{+0.02}$　$Ra1.6$ μm（2 处）	30　10	超差不得分		
2		$\phi6$	1	IT13 超差不得分		
3	长度	6（2 处）	2×5	IT13 超差不得分		
4		42	5	IT13 超差不得分		

续表

序号	考核项目	考核内容及要求	配分 IT　Ra	评分标准	检测结果 IT　Ra	得分
5	几何公差	◎ | ϕ0.03 | *A*	10	IT13 超差不得分		
6	倒角	*C*0.5（4 处）	4×1	m 超差不得分		
7	表面粗糙度	*Ra*3.2 μm（4 处）	4×2.5	超差不得分		
8	设备及工、量、刃、夹具的使用维护	正确规范使用工、量、刃、夹具并进行合理保养及维护	10	不符合要求酌情扣 1～10 分		
9		正确规范使用设备，合理保养及维护设备		不符合要求酌情扣 1～10 分		
10		操作姿势、动作正确		不符合要求酌情扣 1～10 分		
11	安全与其他	按国家颁布的有关法规或企业制定的有关规定，安全文明生产	10	一项不符合要求扣 2 分，发生较大事故取消考核资格		
12		操作、工艺规范正确		一处不符合要求扣 2 分		
13		工作服正确穿戴		一处不符合要求扣 2 分		
14		工件各表面无缺陷		不符合要求扣 1～8 分		
15		按机械制造企业环保管理有关规定，环保处理		不符合要求扣 1～10 分		
总分			100			

5．加农炮零件 5——炮耳加工

（1）按照炮耳车削操作过程的提示，在实训场地完成炮耳的车削加工。

表 4—3—13　　炮耳车削操作过程

操作步骤	操作要点
1. 加工前准备工作	（1）按操作规程，加工零件前检查各电气设施，手柄、传动部位、防护、限位装置是否齐全可靠、灵活，然后完成机床润滑、预热等准备工作 （2）根据车间要求，合理放置毛坯料、刀具、量具、图样、工序卡等
2. 炮耳车削加工	（1）合理安装刀具 （2）合理装夹毛坯料 （3）根据炮耳车削加工工序卡，规范操作车床车削炮耳达到图样要求，及时合理做好在线检测工作 （4）根据检测表，合理检测车削完成的炮耳
3. 加工后整理工作	加工完毕后，正确放置零件，并进行产品交接确认；按照国家环保相关规定和车间要求，整理现场，正确处置废油液等废弃物；按车间规定填写交接班记录（见附表 1）和设备日常保养记录卡（见附表 2）

（2）加工完成后将加工过程中出现的问题记录下来，分析问题并写出改进措施。

（3）对车削加工完成的炮耳进行质量检测，并把检测结果填入表 4—3—14。

表 4—3—14　　炮耳车削工序检测表

序号	考核项目	考核内容及要求	配分 IT	配分 Ra	评分标准	检测结果 IT	检测结果 Ra	得分
1	外圆	$\phi4^{+0.04}_{+0.03}$	30		超差不得分			
2		$\phi6$	2		IT13 超差不得分			

续表

序号	考核项目	考核内容及要求	配分 IT *Ra*	评分标准	检测结果 IT*Ra*	得分
3	长度	4	10	IT13 超差不得分		
4		16	10	IT13 超差不得分		
5	倒角	*C*0.5（2处）	2×4	m 超差不得分		
6	表面粗糙度	*Ra*3.2 μm（4处）	4×5	超差不得分		
7	设备及工、量、刃、夹具的使用维护	正确规范使用工、量、刃、夹具并进行合理保养及维护	10	不符合要求酌情扣1~10分		
8		正确规范使用设备，合理保养及维护设备		不符合要求酌情扣1~10分		
9		操作姿势、动作正确		不符合要求酌情扣1~10分		
10	安全与其他	按国家颁布的有关法规或企业制定的有关规定，安全文明生产	10	一项不符合要求扣2分，发生较大事故取消考核资格		
11		操作、工艺规范正确		一处不符合要求扣2分		
12		工作服正确穿戴		一处不符合要求扣2分		
13		工件各表面无缺陷		不符合要求扣1~8分		
14		按机械制造企业环保管理有关规定，环保处理		不符合要求扣1~10分		
总分			100			

6. 加农炮零件6——轴套加工

（1）按照轴套车削操作过程的提示，在实训场地完成轴套的车削加工。

表 4—3—15　　轴套车削操作过程

操作步骤	操作要点
1. 加工前准备工作	（1）按操作规程，加工零件前检查各电气设施，手柄、传动部位、防护、限位装置是否齐全可靠、灵活，然后完成机床润滑、预热等准备工作 （2）根据车间要求，合理放置毛坯料、刀具、量具、图样、工序卡等
2. 轴套车削加工	（1）合理安装刀具 （2）合理装夹毛坯料 （3）根据轴套车削加工工序卡，规范操作车床车削轴套达到图样要求，及时合理做好在线检测工作 （4）根据检测表，合理检测车削完成的轴套
3. 加工后整理工作	加工完毕后，正确放置零件，并进行产品交接确认；按照国家环保相关规定和车间要求，整理现场，正确处置废油液等废弃物；按车间规定填写交接班记录（见附表 1）和设备日常保养记录卡（见附表 2）

（2）加工完成后将加工过程中出现的问题记录下来，分析问题并写出改进措施。

（3）对车削加工完成的轴套进行质量检测，并把检测结果填入表 4—3—16。

表 4—3—16　　轴套车削工序检测表

序号	考核项目	考核内容及要求	配分 IT　Ra	评分标准	检测结果 IT　Ra	得分
1	外圆	$\phi30$	8	超差不得分		
2		$\phi24$	8	IT13 超差不得分		
3	内孔	$\phi8^{+0.05}_{0}$	20	IT13 超差不得分		
4	长度	4	8	IT13 超差不得分		
5		10	8	IT13 超差不得分		

续表

序号	考核项目	考核内容及要求	配分 IT Ra	评分标准	检测结果 IT Ra	得分
6	倒角	C0.5（5处）	5×2	m超差不得分		
7	表面粗糙度	Ra3.2 μm（6处）	6×3	超差不得分		
8	设备及工、量、刃、夹具的使用维护	正确规范使用工、量、刃、夹具并进行合理保养及维护	10	不符合要求酌情扣1~10分		
9		正确规范使用设备，合理保养及维护设备		不符合要求酌情扣1~10分		
10		操作姿势、动作正确		不符合要求酌情扣1~10分		
11	安全与其他	按国家颁布的有关法规或企业制定的有关规定，安全文明生产	10	一项不符合要求扣2分，发生较大事故取消考核资格		
12		操作、工艺规范正确		一处不符合要求扣2分		
13		工作服正确穿戴		一处不符合要求扣2分		
14		工件各表面无缺陷		不符合要求扣1~8分		
15		按机械制造企业环保管理有关规定，环保处理		不符合要求扣1~10分		
总分			100			

（4）按照轴套钻削操作过程的提示，在实训场地完成轴套的钻削加工。

表4—3—17　　轴套钻削操作过程

操作步骤	操作要点
1. 加工前准备工作	（1）按操作规程，加工零件前检查各电气设施，手柄、传动部位、防护、限位装置是否齐全可靠、灵活，然后完成机床润滑、预热等准备工作 （2）根据车间要求，合理放置毛坯料、刀具、量具、图样、工序卡等

续表

操作步骤	操作要点
2. 轴套钻削加工	（1）合理安装麻花钻 （2）合理装夹工件 （3）根据轴套钻削加工工序卡，规范操作钻床钻削轴套达到图样要求，及时合理做好在线检测工作 （4）根据检测表，合理检测钻削完成的轴套
3. 加工后整理工作	加工完毕后，正确放置零件，并进行产品交接确认；按照国家环保相关规定和车间要求，整理现场，正确处置废油液等废弃物；按车间规定填写交接班记录（见附表 1）和设备日常保养记录卡（见附表 2）

（5）加工完成后将加工过程中出现的问题记录下来，分析问题并写出改进措施。

（6）对钻削加工完成的轴套进行质量检测，并把检测结果填入表 4—3—18。

表 4—3—18　　轴套钻削工序检测表

序号	考核项目	考核内容及要求	配分 IT　Ra	评分标准	检测结果 IT　Ra	得分
1	内孔	$\phi3$　$Ra3.2$ μm（8 处）	40　16	IT13 超差不得分		
2	长度	4	8	IT13 超差不得分		
3	角度	45°（8 处）	8×2	m 超差不得分		
4	设备及工、量、刃、夹具的使用维护	正确规范使用工、量、刃、夹具并进行合理保养及维护	10	不符合要求酌情扣 1～10 分		
5		正确规范使用设备，合理保养及维护设备		不符合要求酌情扣 1～10 分		
6		操作姿势、动作正确		不符合要求酌情扣 1～10 分		

续表

序号	考核项目	考核内容及要求	配分 IT Ra	评分标准	检测结果 IT Ra	得分
7	安全与其他	按国家颁布的有关法规或企业制定的有关规定，安全文明生产	10	一项不符合要求扣2分，发生较大事故取消考核资格		
8		操作、工艺规范正确		一处不符合要求扣2分		
9		工作服正确穿戴		一处不符合要求扣2分		
10		工件各表面无缺陷		不符合要求扣1~8分		
11		按机械制造企业环保管理有关规定，环保处理		不符合要求扣1~10分		
总分			100			

7．加农炮零件7——固定螺母加工

（1）按照固定螺母车削操作过程的提示，在实训场地完成固定螺母的车削加工。

表4—3—19　　固定螺母车削操作过程

操作步骤	操作要点
1．加工前准备工作	（1）按操作规程，加工零件前检查各电气设施，手柄、传动部位、防护、限位装置是否齐全可靠、灵活，然后完成机床润滑、预热等准备工作 （2）根据车间要求，合理放置毛坯料、刀具、量具、图样、工序卡等
2．固定螺母车削加工	（1）合理安装刀具 （2）合理装夹毛坯料 （3）根据固定螺母车削加工工序卡，规范操作车床车削固定螺母达到图样要求，及时合理做好在线检测工作 （4）根据检测表，合理检测车削完成的固定螺母

续表

操作步骤	操作要点
3. 加工后整理工作	加工完毕后，正确放置零件，并进行产品交接确认；按照国家环保相关规定和车间要求，整理现场，正确处置废油液等废弃物；按车间规定填写交接班记录（见附表1）和设备日常保养记录卡（见附表2）

（2）加工完成后将加工过程中出现的问题记录下来，分析问题并写出改进措施。

（3）对车削加工完成的固定螺母进行质量检测，并把检测结果填入表4—3—20。

表4—3—20　　固定螺母车削工序检测表

序号	考核项目	考核内容及要求	配分 IT	配分 Ra	评分标准	检测结果 IT	检测结果 Ra	得分
1	外圆	ϕ23	10		超差不得分			
2	螺纹	M8	30		支承轴螺纹			
3	长度	7	5		IT13 超差不得分			
4		5	5		IT13 超差不得分			
5	圆弧	*R*5	6		m 超差不得分			
6	倒角	*C*0.5（3处）	3×2		m 超差不得分			
7	表面粗糙度	*Ra*3.2 μm（6处）		6×3	超差不得分			
8	设备及工、量、刃、夹具的使用维护	正确规范使用工、量、刃、夹具并进行合理保养及维护	10		不符合要求酌情扣1～10分			
9		正确规范使用设备，合理保养及维护设备			不符合要求酌情扣1～10分			
10		操作姿势、动作正确			不符合要求酌情扣1～10分			

续表

序号	考核项目	考核内容及要求	配分 IT Ra	评分标准	检测结果 IT Ra	得分
11	安全与其他	按国家颁布的有关法规或企业制定的有关规定，安全文明生产	10	一项不符合要求扣2分，发生较大事故取消考核资格		
12		操作、工艺规范正确		一处不符合要求扣2分		
13		工作服正确穿戴		一处不符合要求扣2分		
14		工件各表面无缺陷		不符合要求扣1~8分		
15		按机械制造企业环保管理有关规定，环保处理		不符合要求扣1~10分		
总分			100			

（4）按照固定螺母铣削操作过程的提示，在实训场地完成固定螺母的铣削加工。

表4—3—21　　固定螺母铣削操作过程

操作步骤	操作要点
1. 加工前准备工作	（1）按操作规程，加工零件前检查各电气设施，手柄、传动部位、防护、限位装置是否齐全可靠、灵活，然后完成机床润滑、预热等准备工作 （2）根据车间要求，合理放置毛坯料、刀具、量具、图样、工序卡等
2. 固定螺母铣削加工	（1）合理安装铣刀 （2）合理装夹工件 （3）根据固定螺母铣削加工工序卡，规范操作铣床铣削固定螺母达到图样要求，及时合理做好在线检测工作 （4）根据检测表，合理检测铣削完成的固定螺母
3. 加工后整理工作	加工完毕后，正确放置零件，并进行产品交接确认；按照国家环保相关规定和车间要求，整理现场，正确处置废油液等废弃物；按车间规定填写交接班记录（见附表1）和设备日常保养记录卡（见附表2）

（5）加工完成后将加工过程中出现的问题记录下来，分析问题并写出改进措施。

（6）对铣削加工完成的固定螺母进行质量检测，并把检测结果填入表 4—3—22。

表 4—3—22 固定螺母铣削工序检测表

序号	考核项目	考核内容及要求	配分 IT	配分 Ra	评分标准	检测结果 IT	检测结果 Ra	得分
1	六方	20 Ra3.2 μm（3 处）	50	30	超差不得分			
2	设备及工、量、刃、夹具的使用维护	正确规范使用工、量、刃、夹具并进行合理保养及维护	10		不符合要求酌情扣 1～10 分			
3		正确规范使用设备，合理保养及维护设备			不符合要求酌情扣 1～10 分			
4		操作姿势、动作正确			不符合要求酌情扣 1～10 分			
5	安全与其他	按国家颁布的有关法规或企业制定的有关规定，安全文明生产	10		一项不符合要求扣 2 分，发生较大事故取消考核资格			
6		操作、工艺规范正确			一处不符合要求扣 2 分			
7		工作服正确穿戴			一处不符合要求扣 2 分			
8		工件各表面无缺陷			不符合要求扣 1～8 分			
9		按机械制造企业环保管理有关规定，环保处理			不符合要求扣 1～10 分			
总分			100					

8．加农炮零件 8——轮毂内圈加工

（1）按照轮毂内圈车削操作过程的提示，在实训场地完成轮毂内圈的车削加工。

表 4—3—23 轮毂内圈车削操作过程

操作步骤	操作要点
1．加工前准备工作	（1）按操作规程，加工零件前检查各电气设施，手柄、传动部位、防护、限位装置是否齐全可靠、灵活，然后完成机床润滑、预热等准备工作 （2）根据车间要求，合理放置毛坯料、刀具、量具、图样、工序卡等
2．轮毂内圈车削加工	（1）合理安装刀具 （2）合理装夹毛坯料 （3）根据轮毂内圈车削加工工序卡，规范操作车床车削轮毂内圈达到图样要求，及时合理做好在线检测工作 （4）根据检测表，合理检测车削完成的轮毂内圈
3．加工后整理工作	加工完毕后，正确放置零件，并进行产品交接确认；按照国家环保相关规定和车间要求，整理现场，正确处置废油液等废弃物；按车间规定填写交接班记录（见附表 1）和设备日常保养记录卡（见附表 2）

（2）加工完成后将加工过程中出现的问题记录下来，分析问题并写出改进措施。

（3）对车削加工完成的轮毂内圈进行质量检测，并把检测结果填入表 4—3—24。

表 4—3—24 轮毂内圈车削工序检测表

序号	考核项目	考核内容及要求	配分 IT	配分 Ra	评分标准	检测结果 IT	检测结果 Ra	得分
1	外圆	$\phi 62_{-0.02}^{0}$	30		超差不得分			
2	内孔	$\phi 56$	10		IT13 超差不得分			
3	长度	4	6		IT13 超差不得分			

续表

序号	考核项目	考核内容及要求	配分 IT　Ra	评分标准	检测结果 IT　Ra	得分
4	平行度	0.03	10	超差不得分		
5	倒角	*C*0.5（4处）	4×1	m超差不得分		
6	表面粗糙度	*Ra*3.2 μm（4处）	4×5	超差不得分		
7	设备及工、量、刃、夹具的使用维护	正确规范使用工、量、刃、夹具并进行合理保养及维护	10	不符合要求酌情扣1~10分		
8		正确规范使用设备，合理保养及维护设备		不符合要求酌情扣1~10分		
9		操作姿势、动作正确		不符合要求酌情扣1~10分		
10	安全与其他	按国家颁布的有关法规或企业制定的有关规定，安全文明生产	10	一项不符合要求扣2分，发生较大事故取消考核资格		
11		操作、工艺规范正确		一处不符合要求扣2分		
12		工作服正确穿戴		一处不符合要求扣2分		
13		工件各表面无缺陷		不符合要求扣1~8分		
14		按机械制造企业环保管理有关规定，环保处理		不符合要求扣1~10分		
总分			100			

（4）按照轮毂内圈钻削操作过程的提示，在实训场地完成轮毂内圈的钻削加工。

表4—3—25　　轮毂内圈钻削操作过程

操作步骤	操作要点
1. 加工前准备工作	（1）按操作规程，加工零件前检查各电气设施，手柄、传动部位、防护、限位装置是否齐全可靠、灵活，然后完成机床润滑、预热等准备工作 （2）根据车间要求，合理放置毛坯料、刀具、量具、图样、工序卡等

续表

操作步骤	操作要点
2. 轮毂内圈钻削加工	（1）合理安装麻花钻 （2）合理装夹工件 （3）根据轮毂内圈钻削加工工序卡，规范操作钻床钻削轮毂内圈达到图样要求，及时合理做好在线检测工作 （4）根据检测表，合理检测钻削完成的轮毂内圈
3. 加工后整理工作	加工完毕后，正确放置零件，并进行产品交接确认；按照国家环保相关规定和车间要求，整理现场，正确处置废油液等废弃物；按车间规定填写交接班记录（见附表1）和设备日常保养记录卡（见附表2）

（5）加工完成后将加工过程中出现的问题记录下来，分析问题并写出改进措施。

（6）对钻削加工完成的轮毂内圈进行质量检测，并把检测结果填入表4—3—26。

表4—3—26　　轮毂内圈钻削工序检测表

序号	考核项目	考核内容及要求	配分 IT　Ra	评分标准	检测结果 IT　Ra	得分
1	内孔	$\phi3$　$Ra3.2$ μm（8处）	40　24	IT13超差不得分		
2	角度	45°（8处）	8×2	m超差不得分		
3	设备及工、量、刃、夹具的使用维护	正确规范使用工、量、刃、夹具并进行合理保养及维护	10	不符合要求酌情扣1~10分		
4		正确规范使用设备，合理保养及维护设备		不符合要求酌情扣1~10分		
5		操作姿势、动作正确		不符合要求酌情扣1~10分		

续表

序号	考核项目	考核内容及要求	配分 IT Ra	评分标准	检测结果 IT Ra	得分
6	安全与其他	按国家颁布的有关法规或企业制定的有关规定，安全文明生产	10	一项不符合要求扣2分，发生较大事故取消考核资格		
7		操作、工艺规范正确		一处不符合要求扣2分		
8		工作服正确穿戴		一处不符合要求扣2分		
9		工件各表面无缺陷		不符合要求扣1~8分		
10		按机械制造企业环保管理有关规定，环保处理		不符合要求扣1~10分		
总分			100			

9．加农炮零件9——轮毂外圈加工

（1）按照轮毂外圈车削操作过程的提示，在实训场地完成轮毂外圈的车削加工。

表4—3—27　　轮毂外圈车削操作过程

操作步骤	操作要点
1．加工前准备工作	（1）按操作规程，加工零件前检查各电气设施，手柄、传动部位、防护、限位装置是否齐全可靠、灵活，然后完成机床润滑、预热等准备工作 （2）根据车间要求，合理放置毛坯料、刀具、量具、图样、工序卡等
2．轮毂外圈车削加工	（1）合理安装刀具 （2）合理装夹毛坯料 （3）根据轮毂外圈车削加工工序卡，规范操作车床车削轮毂外圈达到图样要求，及时合理做好在线检测工作 （4）根据检测表，合理检测车削完成的轮毂外圈

续表

操作步骤	操作要点
3. 加工后整理工作	加工完毕后，正确放置零件，并进行产品交接确认；按照国家环保相关规定和车间要求，整理现场，正确处置废油液等废弃物；按车间规定填写交接班记录（见附表1）和设备日常保养记录卡（见附表2）

（2）加工完成后将加工过程中出现的问题记录下来，分析问题并写出改进措施。

（3）对车削加工完成的轮毂外圈进行质量检测，并把检测结果填入表4—3—28。

表4—3—28　　轮毂外圈车削工序检测表

序号	考核项目	考核内容及要求	配分 IT　*Ra*	评分标准	检测结果 IT　*Ra*	得分
1	外圆	$\phi68$	10	IT13 超差不得分		
2	内孔	$\phi62^{+0.02}_{0}$	20	超差不得分		
3		$\phi56$	10	IT13 超差不得分		
4	长度	$4^{+0.1}_{0}$	10	超差不得分		
5		6	8	IT13 超差不得分		
6	倒角	*C*0.5（4处）	4×1	m 超差不得分		
7	表面粗糙度	*Ra*3.2 μm（6处）	6×3	超差不得分		
8	设备及工、量、刃、夹具的使用维护	正确规范使用工、量、刃、夹具并进行合理保养及维护	10	不符合要求酌情扣1~10分		
9		正确规范使用设备，合理保养及维护设备		不符合要求酌情扣1~10分		
10		操作姿势、动作正确		不符合要求酌情扣1~10分		

续表

<table>
<tr><th rowspan="2">序号</th><th rowspan="2">考核项目</th><th rowspan="2">考核内容及要求</th><th>配分</th><th rowspan="2">评分标准</th><th>检测结果</th><th rowspan="2">得分</th></tr>
<tr><th>IT　Ra</th><th>IT　Ra</th></tr>
<tr><td>11</td><td rowspan="5">安全与其他</td><td>按国家颁布的有关法规或企业制定的有关规定，安全文明生产</td><td rowspan="5">10</td><td>一项不符合要求扣2分，发生较大事故取消考核资格</td><td></td><td></td></tr>
<tr><td>12</td><td>操作、工艺规范正确</td><td>一处不符合要求扣2分</td><td></td><td></td></tr>
<tr><td>13</td><td>工作服正确穿戴</td><td>一处不符合要求扣2分</td><td></td><td></td></tr>
<tr><td>14</td><td>工件各表面无缺陷</td><td>不符合要求扣1～8分</td><td></td><td></td></tr>
<tr><td>15</td><td>按机械制造企业环保管理有关规定，环保处理</td><td>不符合要求扣1～10分</td><td></td><td></td></tr>
<tr><td colspan="3">总分</td><td>100</td><td></td><td></td><td></td></tr>
</table>

10．加农炮零件10——支架加工

（1）按照支架铣削操作过程的提示，在实训场地完成支架的铣削加工。

表4—3—29　　支架铣削操作过程

操作步骤	操作要点
1．加工前准备工作	（1）按操作规程，加工零件前检查各电气设施，手柄、传动部位、防护、限位装置是否齐全可靠、灵活，然后完成机床润滑、预热等准备工作 （2）根据车间要求，合理放置毛坯料、刀具、量具、图样、工序卡等
2．支架铣削加工	（1）合理安装铣刀 （2）合理装夹毛坯料 （3）根据支架铣削加工工序卡，规范操作铣床铣削支架达到图样要求，及时合理做好在线检测工作 （4）根据检测表，合理检测铣削完成的支架
3．加工后整理工作	加工完毕后，正确放置零件，并进行产品交接确认；按照国家环保相关规定和车间要求，整理现场，正确处置废油液等废弃物；按车间规定填写交接班记录（见附表1）和设备日常保养记录卡（见附表2）

（2）加工完成后将加工过程中出现的问题记录下来，分析问题并写出改进措施。

（3）对铣削加工完成的支架进行质量检测，并把检测结果填入表4—3—30。

表4—3—30　　支架铣削工序检测表

序号	考核项目	考核内容及要求	配分 IT　Ra	评分标准	检测结果 IT　Ra	得分
1	孔	$\phi4^{+0.03}_{0}$（2处）	2×4	超差不得分		
2	圆弧	*R*5（7处）	7×2	m超差不得分		
3		*R*4	2	m超差不得分		
4		*R*3（3处）	3×2	m超差不得分		
5	长度	33	1	IT13超差不得分		
6		36（2处）	2×1	IT13超差不得分		
7		104	1	IT13超差不得分		
8		49	1	IT13超差不得分		
9		22	1	IT13超差不得分		
10		14（2处）	2×1	IT13超差不得分		
11		48	1	IT13超差不得分		
12		19	1	IT13超差不得分		
13		15	1	IT13超差不得分		
14		67	1	IT13超差不得分		
15		2	1	IT13超差不得分		
16	角度	45°	2	m超差不得分		
17		57°	2	m超差不得分		
18		106°	2	m超差不得分		
19	倒角	*C*0.5（4处）	4×0.5	m超差不得分		
20	表面粗糙度	*Ra*3.2 μm（29处）	29×1	超差不得分		

续表

序号	考核项目	考核内容及要求	配分 IT Ra	评分标准	检测结果 IT Ra	得分
21	设备及工、量、刃、夹具的使用维护	正确规范使用工、量、刃、夹具并进行合理保养及维护	10	不符合要求酌情扣1~10分		
22		正确规范使用设备，合理保养及维护设备		不符合要求酌情扣1~10分		
23		操作姿势、动作正确		不符合要求酌情扣1~10分		
24	安全与其他	按国家颁布的有关法规或企业制定的有关规定，安全文明生产	10	一项不符合要求扣2分，发生较大事故取消考核资格		
25		操作、工艺规范正确		一处不符合要求扣2分		
26		工作服正确穿戴		一处不符合要求扣2分		
27		工件各表面无缺陷		不符合要求扣1~8分		
28		按机械制造企业环保管理有关规定，环保处理		不符合要求扣1~10分		
总分			100			

11．加农炮零件11——辐条加工

（1）按照辐条车削操作过程的提示，在实训场地完成辐条的车削加工。

表4—3—31　　辐条车削操作过程

操作步骤	操作要点
1．加工前准备工作	（1）按操作规程，加工零件前检查各电气设施，手柄、传动部位、防护、限位装置是否齐全可靠、灵活，然后完成机床润滑、预热等准备工作 （2）根据车间要求，合理放置毛坯料、刀具、量具、图样、工序卡等

续表

操作步骤	操作要点
2. 辐条车削加工	（1）合理安装刀具 （2）合理装夹毛坯料 （3）根据辐条车削加工工序卡，规范操作车床车削辐条达到图样要求，及时合理做好在线检测工作 （4）根据检测表，合理检测车削加工的辐条
3. 加工后整理工作	加工完毕后，正确放置零件，并进行产品交接确认；按照国家环保相关规定和车间要求，整理现场，正确处置废油液等废弃物；按车间规定填写交接班记录（见附表1）和设备日常保养记录卡（见附表2）

（2）加工完成后将加工过程中出现的问题记录下来，分析问题并写出改进措施。

（3）对车削加工完成的辐条进行质量检测，并把检测结果填入表4—3—32。

表4—3—32　　辐条车削工序检测表

序号	考核项目	考核内容及要求	配分 IT　Ra	评分标准	检测结果 IT　Ra	得分
1	长度	27	60	IT13 超差不得分		
2	表面粗糙度	$Ra3.2\ \mu m$（2处）	10×2	超差不得分		
3	设备及工、量、刃、夹具的使用维护	正确规范使用工、量、刃、夹具并进行合理保养及维护	10	不符合要求酌情扣1～10分		
4		正确规范使用设备，合理保养及维护设备		不符合要求酌情扣1～10分		
5		操作姿势、动作正确		不符合要求酌情扣1～10分		

续表

序号	考核项目	考核内容及要求	配分 IT　Ra	评分标准	检测结果 IT　Ra	得分
6	安全与其他	按国家颁布的有关法规或企业制定的有关规定，安全文明生产	10	一项不符合要求扣2分，发生较大事故取消考核资格		
7		操作、工艺规范正确		一处不符合要求扣2分		
8		工作服正确穿戴		一处不符合要求扣2分		
9		工件各表面无缺陷		不符合要求扣1～8分		
10		按机械制造企业环保管理有关规定，环保处理		不符合要求扣1～10分		
总分			100			

学习活动4　加农炮装配及误差分析

学习目标

1. 能正确规范地组装加农炮。

2. 能正确规范地检测加农炮的整体质量。

3. 能根据加农炮检测结果，分析误差产生的原因，并提出改进措施。

建议学时：6学时。

学习过程

一、检测加农炮质量

对工件进行检测，并将结果填写在表4—4—1中。

表4—4—1　　加农炮检测表

序号	检测内容	检测方法	检测结果	结论
1	表面质量			
2	工件整洁			
3	配合精度			
4	形状精度			
5	尺寸精度			

注：加农炮是装饰品，购买者注重表面质量、工件整洁、配合精度、形状精度等，尺寸精度为专业技术，作为一项专业评价项目。

二、误差分析

根据检测结果进行误差分析，将分析结果填写在表 4—4—2 中。

表 4—4—2　　误差分析表

测量内容		零件名称	
测量工具和仪器		测量人员	
班　　级		日　　期	

一、测量目的

二、测量步骤

三、测量要领

四、结论（误差分析）

质量问题	产生原因	改进措施
外形尺寸误差		
形位误差		
表面粗糙度误差		
其他误差		

（注：零件误差较大填写在表格，符合要求不写，多套零件不达要求，可另制表格填写）

学习活动5　工作总结与评价

学习目标

1. 能按分组情况，分别派代表展示工作成果，说明本次任务的完成情况，并作分析总结。

2. 能结合自身任务完成情况，正确规范撰写工作总结（心得体会）。

3. 能就本次任务中出现的问题提出改进措施。

4. 能对学习与工作进行反思总结，并能与他人开展良好合作，进行有效的沟通。

建议学时：4学时。

学习过程

一、展示与评价

把个人制作好的加农炮先进行分组展示，再由小组推荐代表做必要的介绍。在展示过程中，以组为单位进行评价；评价完成后，根据其他组成员对本组展示成果的评价意见进行归纳总结。完成如下项目：

（1）展示的加农炮符合技术标准吗？

合格□　　不良□　　返修□　　报废□

（2）与其他组相比，本小组的加农炮工艺你认为：

工艺优化□　　工艺合理□　　工艺一般□

（3）本小组介绍成果表达是否清晰？

很好□　　一般，常补充□　　不清晰□

（4）本小组演示加农炮检测方法操作正确吗?

正确□　　　部分正确□　　　不正确□

（5）本小组演示操作时遵循了“6S”的工作要求吗?

符合工作要求□　　　忽略了部分要求□　　　完全没有遵循□

（6）本小组成员的团队创新精神如何?

良好□　　　一般□　　　不足□

二、自评总结（心得体会）

三、教师评价

1. 找出各组的优点点评。
2. 对任务完成过程中各组的缺点进行点评，提出改进的方法。
3. 对整个任务完成过程中出现的亮点和不足进行点评。

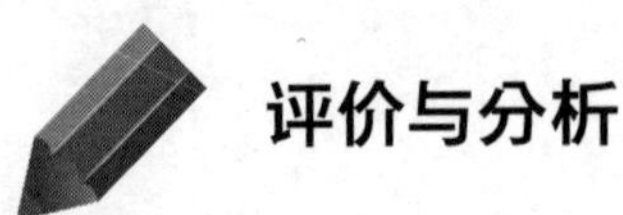

评价与分析

学习任务四评价表

班级________ 学生姓名________ 学号________

项目	自我评价			小组评价			教师评价		
	10~9	8~6	5~1	10~9	8~6	5~1	10~9	8~6	5~1
	占总评 10%			占总评 30%			占总评 60%		
学习活动 1									
学习活动 2									
学习活动 3									
学习活动 4									
学习活动 5									
协作精神									
纪律观念									
表达能力									
工作态度									
拓展能力									
小计									
总评									

任课教师：________ ______年____月____日

附　　表

附录 1

交接班记录

设备名称：　　　　　　　　设备编号：　　　　　　　　使用班组：

项目	交接机床	交接工、量、夹、刃具	交接图纸	交接材料	交接成品件	交接半成品件	工艺技术交流
数量、使用情况（交班人填）							
交班人							
接班人							
日期							

注：在企业里不同班次在交接班时，班次之间一般会对交接班记录表进行填写，这样才能够做到责任明确、安全到人的规范要求。

附录 2

设备日常保养记录卡

设备名称：　　　　　设备编号：　　　　　使用部门：　　　　　保养年月：　　　　　存档编码：

日期 保养内容	1	2	3	4	5	6	7	8	9	10	11	12	13	14	15	16	17	18	19	20	21	22	23	24	25	26	27	28	29	30	31
环境卫生																															
机身整洁																															
加油润滑																															
工具整齐																															
电气故障																															
机械故障																															
保养人																															
备注																															

审核人：　　　　　　　　　　　　　　　　　　　　年　　月　　日

注：保养后，用“✓”表示日保；“Δ”表示周保；“O”表示月保；“Y”表示一级保养；“×”表示有损坏或异常现象，应在“备注”栏给予记录。